Akalu Biruk

Morbidade e mortalidade de vitelos leiteiros e factores de risco associados

Akalu Biruk

Morbidade e mortalidade de vitelos leiteiros e factores de risco associados

em explorações leiteiras seleccionadas da cidade de Harar, Etiópia

ScienciaScripts

Imprint

Any brand names and product names mentioned in this book are subject to trademark, brand or patent protection and are trademarks or registered trademarks of their respective holders. The use of brand names, product names, common names, trade names, product descriptions etc. even without a particular marking in this work is in no way to be construed to mean that such names may be regarded as unrestricted in respect of trademark and brand protection legislation and could thus be used by anyone.

Cover image: www.ingimage.com

This book is a translation from the original published under ISBN 978-3-659-66542-4.

Publisher:
Sciencia Scripts
is a trademark of
Dodo Books Indian Ocean Ltd. and OmniScriptum S.R.L publishing group

120 High Road, East Finchley, London, N2 9ED, United Kingdom
Str. Armeneasca 28/1, office 1, Chisinau MD-2012, Republic of Moldova, Europe
Printed at: see last page
ISBN: 978-620-7-88334-9

Conteúdo

RESUMO:...2

CAPÍTULO 1. INTRODUÇÃO 3

CAPÍTULO 2. REVISÃO DA LITERATURA..7

CAPÍTULO 3. MATERIAIS E MÉTODOS 16

CAPÍTULO 4. RESULTADO 21

CAPÍTULO 5. DISCUSSÃO..25

CAPÍTULO 6. CONCLUSÕES E RECOMENDAÇÕES............................27

REFERÊNCIAS...28

APÊNDICES..36

RESUMO:

A morbilidade e a mortalidade dos vitelos são causas importantes de perdas económicas nas explorações leiteiras de todo o mundo. Foi realizada uma investigação sobre a incidência de morbidade e mortalidade de bezerros em 30 fazendas leiteiras CIG (Common Interest Group) selecionadas propositalmente na cidade de Harar. Um total de 130 vitelos das explorações foram seguidos longitudinalmente de fevereiro de 2017 a maio de 2017 para os principais problemas de saúde. O risco de incidência global de morbilidade e mortalidade foi de 63,65% e 11,3%, respetivamente. A síndrome de doença mais frequente foi a diarreia, com um risco de incidência de 25,32%, seguida da pneumonia (14,87%) e da doença do umbigo (5,82%). Além disso, foram encontradas febre, artrite e doenças. As principais causas de morte dos vitelos foram a diarreia (5,8%) e a pneumonia (4%). Está agora estabelecido que a morbilidade e a mortalidade dos vitelos são factores limitantes importantes para o sucesso das explorações leiteiras modernas e, consequentemente, deve ser feita uma investigação vigorosa e abrangente para minimizar o problema. Dos 19 potenciais factores de risco analisados, a idade dos vitelos, a condição de nascimento e o estado de ventilação do estábulo foram significativamente associados à morbilidade. A idade dos bezerros, a idade da primeira ingestão de colostro e a limpeza do galpão foram significativamente associados com a mortalidade. Os bezerros mais velhos (com mais de três meses de idade) tinham um risco menor de morbidade bruta *(HR=0,250, P=0,000)* e mortalidade *(HR=0,197, P=0,044)* do que os bezerros mais jovens (com menos de três meses de idade). *Em* conclusão, a magnitude das taxas de morbidade e mortalidade de bezerros encontradas neste estudo foram muito mais altas do que o nível economicamente tolerável e poderiam afetar a produtividade das fazendas leiteiras através da diminuição da disponibilidade de animais de reposição. Sugere-se, portanto, que a criação de conscientização e a implementação de melhores práticas de manejo de bezerros na área de estudo reduziriam significativamente a morbidade e a mortalidade de bezerros.

Palavras-chave: Risco de incidência, Vitelos, Morbilidade e mortalidade, Diarreia

CAPÍTULO 1. INTRODUÇÃO

Os vitelos são o futuro rebanho e mantê-los em boas condições de saúde não só afecta a eficiência das explorações pecuárias, como também contribui para a economia e os resultados da produção de um país (Bhatti *et al.*, 2007). A produtividade do gado depende em grande medida do seu desempenho reprodutivo e da sobrevivência dos vitelos. O sucesso da criação de vacas leiteiras de substituição depende de uma multiplicidade de factores complexos e inter-relacionados, dos quais o maneio do colostro é muito importante (Mukasa, 1989).

Na Etiópia, o gado é uma importante fonte de produtos lácteos que depende da sobrevivência dos vitelos; a produção animal enfrenta agora novos desafios, uma vez que o crescimento demográfico, a urbanização e o desenvolvimento económico estão a contribuir para o aumento da produção alimentar, sendo os produtos animais muito importantes. De acordo com o relatório de Tegegne e Gebrewold, (1998), o consumo de leite per capita na Etiópia é de apenas 20 kg por ano, o que é inferior à média da África subsariana. Há também uma tendência crescente no desenvolvimento de uma produção leiteira urbana e periurbana orientada para o mercado, que se está a tornar um importante fornecedor de leite e produtos lácteos para os centros urbanos e desempenha um papel significativo na mitigação da escassez aguda de produtos lácteos nos centros urbanos (Vordermeier *et al.*, 2004).

Os constrangimentos ao desenvolvimento da produção leiteira periurbana e ao desenvolvimento da indústria pecuária em geral têm sido resumidos como políticos, socioeconómicos, institucionais, técnicos e tecnológicos (Tegegne e Gebrewold, 1998). As doenças dos animais são um dos constrangimentos técnicos e tecnológicos para os sistemas de produção de lacticínios periurbanos e urbanos (Tegegne e Gebrewold, 1998; Belihu, 2002). Desafios como a morbilidade e a mortalidade precoce dos vitelos não só estão a causar perdas em termos de produção de leite, como também a mortalidade dos vitelos provoca uma redução dos animais para abate (Wymann *et al.*, 2006; Singh *et al.*, 2009). E investigar as preocupações com a saúde dos bezerros, as taxas de deteção de doenças em bezerros, protocolos de tratamento, maneio (incluindo alimentação com colostro na hora certa, alojamento, alimentação e nutrição) e protocolos de vacinação irá reduzir a mortalidade de bezerros e aumentar o número de novilhas de reposição disponíveis para manter o tamanho do rebanho (McGuirk, 2007; Razzaque *et al.*, 2009).

A morbilidade e a mortalidade dos vitelos são problemas de grande preocupação em todos os países onde o gado é criado sob diferentes práticas de maneio, sendo o problema mais grave nos países em desenvolvimento (Radostits, 2001). As doenças dos vitelos que causam morbilidade e mortalidade são o resultado de uma interação complexa entre as práticas de maneio, o ambiente, os agentes infecciosos e o próprio vitelo (Wudu *et al.*, 2008). A persistência dos agentes causadores de doenças de bezerros no ambiente é a principal razão para os surtos de problemas de bezerros nas fazendas de gado leiteiro. A idade do bezerro é também o fator mais importante que afeta a morbilidade e a mortalidade, aproximadamente 75% da mortalidade em animais leiteiros com menos de um ano de idade ocorre no primeiro mês de vida (*Heinrichs* e Radostits, 2001).As causas comuns de doenças e mortes de bezerros são diarreia, pneumonia, problemas nas articulações, doenças umbilicais, trauma, anomalias congénitas, deficiências nutricionais, distocia e outras infecções (Svensson *et al.*, 2003; Singla *et al.*, 2013).

As doenças infecciosas são os problemas mais importantes nos vitelos jovens. A presença de diarreia e/ou doença respiratória antes dos 90 dias de idade afecta o desempenho do animal mais tarde na vida e é comum uma sobrevivência mais baixa em vitelos que contraíram doença da articulação do umbigo antes dos 120 dias de idade do que em vitelos saudáveis (Svensson *et al.*, 2003). A diarréia e a pneumonia são os problemas de doença mais importantes em bezerros e as principais causas de morte (Svensson *et al.*, 2006). Por exemplo, os fatores que afetam a concentração sérica de imunoglobulina (Ig) são especialmente importantes porque os bezerros que não possuem imunidade passiva adequada têm uma taxa de mortalidade aumentada e são mais suscetíveis a maioria das doenças infecciosas da cria do que os bezerros com altas concentrações de Ig (Svensson *et al.*, 2003).

A diarreia do vitelo é uma das doenças mais comuns em animais jovens, causando enormes perdas económicas e de produtividade à indústria bovina em todo o mundo (Cho e Yoon, 2014 Islam et al; 2015). Pode ser causada por muitos agentes patogénicos, incluindo vírus (coronavírus e rotavírus), protozoários *(Cryptosporidium parvum)* e bactérias (Izzo *et al.*, 2011). Entre as bactérias, a *Escherichia coli* enterotoxigénica (ETEC) e *a Salmonellae* são os agentes patogénicos economicamente mais importantes (Acha *et al.*, 2004), embora outras bactérias também tenham sido identificadas como causas de doença entérica e diarreia, por exemplo, espécies de *Campylobacter* e espécies de *Clostridium* (Cho *et al.*, 2010).

A doença respiratória continua sendo outra causa primária de morbidade e mortalidade de bezerros (Taylor *et al.*, 2010). É iniciada por agentes virais como o vírus sincicial respiratório bovino (BRSV), o BCV e o parainfluenza 3 (PIV-3), que está entre os mais importantes (Autio *et al.*, 2007). Os vitelos desenvolvem uma pneumonia bacteriana mais frequentemente causada por *Mannheimia Haemolitica, Pasteurella multicida* e *Haemophilus somnus* e *espécies de Mycoplasma. A M. haemolytica e a P.multocida* são os isolados bacterianos mais comuns em casos de doença respiratória do que os outros (Haines *et al.*, 2001, Fulton *et al.*, 2002; Welsh *et al.*, 2004)

Um estudo realizado na Etiópia indicou que os produtores de leite enfrentam o problema de uma elevada taxa de morbidade e mortalidade dos vitelos, que afecta a substituição dos efectivos leiteiros. Um estudo anterior mostrou que as incidências globais de morbilidade bruta e mortalidade bruta eram de 58,5 - 62% e 18 -30%, respetivamente. A síndrome de doença mais frequente foi a diarreia e a pneumonia, que foram associadas a práticas de gestão inadequadas (Wudu *et al.*, 2008; Wudu, 2014; Ferede *et al.*, 2014) . A identificação de agentes específicos envolvidos nas síndromes de doença também foi feita na Etiópia e o coronavírus entérico bovino, o rotavírus do grupo A, a *E. coli* enterotoxogénica K99 *(*Abraham *et al.*, 1992), *a Salmonella* (Pergram *et al.*, 1981; *Muktaret al.*, 2015) e o *Cryptosporidium (Muktaret al.*, 2015) foram isolados de vitelos com diarreia, mas não foram encontrados relatórios na Etiópia sobre a identificação de agentes bacterianos específicos envolvidos na pneumonia de vitelos.

A taxa de morbilidade e mortalidade dos vitelos apresenta grandes variações a nível mundial, que vão de 1 a 81% (Heinrichs e Radostits 2001; Tiwari *et al.*, 2007; Kifaro e Temba, 1991; French *et al.*, 2001). Em diferentes partes da Etiópia, a incidência da morbilidade e da mortalidade dos vitelos foi de 62% e 22% no distrito de Ada'a Liben de Oromia, Etiópia; 61,5% e 18,0% em Debre zeit, Etiópia; 58,4% e 30,7% nos distritos de Bahir Dar Zuria e Gozamen da região de Amhara, noroeste da Etiópia, respetivamente. A síndrome mais frequente das doenças dos vitelos é a diarreia e a pneumonia (Ferede *et al.*, 2008; Wudu *et al.*, 2008). *Escherichia coli* (Abraham *et al.*, 1992; *Muktaret al.*, 2015) e *Salmonella spp.* (Pergram *et al.*, 1981; *Muktaret al.*, 2015) são os agentes bacterianos causadores de diarreia em bezerros mais frequentemente detectados. Entre os fatores de risco examinados, os que foram encontrados significativamente associados à incidência de morbidade em bezerros na Etiópia foram a idade dos bezerros, a alimentação com colostro, o tempo de ingestão de colostro e a limpeza do alojamento dos bezerros (Ferede *et al.*, 2014; Wudu *et al.*, 2008).

A morbilidade e a mortalidade dos vitelos são causas importantes de perdas económicas nas explorações leiteiras de todo o mundo (Islam *et al.*, 2015). A morte precoce de bezerros resulta na perda de reprodutores de qualidade para reprodução e de fêmeas para substituição do rebanho, a produção de leite de uma vaca é reduzida após a morte de seu bezerro, porque as vacas muitas vezes precisam do estímulo de seu bezerro em amamentação para a descida do leite. Resolver problemas de morte relacionados a doenças em bezerros leiteiros requer uma abordagem ampla que procure não apenas os agentes da doença, mas muitos fatores de risco relacionados ao manejo do bezerro recém-nascido, como as fontes de infeção, oportunidades para melhorar a imunidade e mudanças que reduzam a suscetibilidade do bezerro (Fourichon *et al.*, 1997). Uma vez afetado, a diferença entre a morbidade e a mortalidade da doença é a deteção precoce e a intervenção apropriada com protocolos de tratamento efetivos (McGuirk, 2007). Atualmente, a gestão das doenças dos vitelos baseia-se fortemente na utilização de terapia antimicrobiana para tratar e controlar as infecções causadas por estas bactérias (Taylor *et al.*, 2010; Hajipour *et al.*, 2013), mas a resistência aos agentes antimicrobianos ocorre frequentemente em *espécies de Salmonella, E. coli* (Izzo *et al.*, 2011), *Pasteurella multocida* e *Mannheimia haemoytica (Carter et al.*, 2004). Os perfis de suscetibilidade a antibióticos de isolados bacterianos de vitelos doentes podem ajudar na seleção de um agente antimicrobiano adequado.

Embora a vacinação e outras medidas preventivas tenham sido amplamente adoptadas para o controlo das doenças dos vitelos a nível mundial, na Etiópia, a morbilidade e mortalidade dos vitelos foram classificadas a seguir à mastite como o segundo maior problema para a produção leiteira (ILCA, 12). No entanto, existe uma lacuna na identificação das principais bactérias envolvidas nas doenças dos vitelos, particularmente na diarreia e na pneumonia, e no teste de suscetibilidade antimicrobiana para o tratamento adequado do caso. Por conseguinte, um sistema de gestão de explorações leiteiras deve empregar uma estratégia como boas práticas de gestão e um protocolo de tratamento adequado que reduza a morbilidade e a mortalidade dos vitelos e melhore o seu desempenho através do controlo da diarreia e da pneumonia. No entanto, são muito poucos os estudos efectuados na Etiópia sobre problemas de morbilidade e mortalidade dos vitelos, em particular sobre testes de suscetibilidade antimicrobiana de isolados bacterianos. Por conseguinte, o presente estudo foi realizado com os seguintes objectivos

• Estimar a incidência de morbilidade e mortalidade dos vitelos e

• Identificar os potenciais factores de risco associados à morbilidade e mortalidade dos vitelos nas explorações de produção de leite existentes na cidade de Harar

CAPÍTULO 2. REVISÃO DA LITERATURA

2.1. Principais Causas de Morbilidade e Mortalidade em Vitelos Leiteiros

As doenças de bezerros têm um impacto financeiro significativo nas empresas de laticínios. Entender as causas das doenças comuns da cria e seus métodos de transmissão é o primeiro passo para desenvolver programas efetivos para minimizar o impacto na saúde dos bezerros. Diarréia, pneumonia, septicemia e parasitismo são responsáveis pela maioria das doenças e mortes de bezerros (Olsson *et al.*, 1993).

2.1.1 Diarreia do vitelo

A diarréia de bezerros é a doença mais comum em bezerros jovens e é a maior causa de morte (Gitau *et al.*, 1994; Sivula *et al.*, 1996; Busato *et al.*, 1997; Heinrichs e Radostits, 2001). Ela é responsável por 50 a 75% da mortalidade de bezerros leiteiros com menos de três semanas de idade (Blowey, 1990). A causa da diarréia é freqüentemente multifatorial e inclui a exposição a um ou mais agentes infecciosos, bem como fatores ambientais e de manejo, incluindo manejo colostral, saneamento, alojamento, estratégias de agrupamento e nutrição. Os agentes infecciosos que normalmente causam diarréia em bezerros são numerosos. Muitos destes agentes vivem por longos períodos no ambiente. Vírus como o rotavírus, protozoários *(Cryptosporidia* e *Coccidian)* e bactérias como a salmonela, *E. coli, Campylobacter e Clostridum* podem causar problemas. As causas bacterianas mais importantes de diarréia em bezerros incluem a *Esherichia coli enterotoxigênica* e a Salmonella (Snodgrass *et al.*, 1986; Abraham *et al.*, 1992). A principal via de infeção para a maioria destes agentes é o contacto com fezes infectadas no ambiente, ou a ingestão de alimentos ou água contaminados com fezes (Blowey, 1990). A falha na transferência da imunidade passiva e a exposição excessiva ao agente patogénico são os principais factores precipitantes da diarreia dos vitelos (Hunt, 1993).

Escherichia coli enterotoxigénica (ETEC)

A Escherichia coli causa duas doenças comuns em bezerros recém-nascidos. As duas doenças comuns causadas por *E. coli* em vitelos podem apresentar-se como doença entérica ou septicémica, sendo uma das causas mais importantes de mortalidade neonatal em vitelos leiteiros (Loftstedt *et al.*, 1999). A septicemia por *E. coli* é uma condição em que as bactérias invadem a circulação sistémica e os órgãos internos e a colibacilose entérica em que as bactérias estão localizadas no lúmen e na superfície da mucosa do intestino delgado. Os serotipos de *E. coli* que causam estas doenças são diferentes. Cada tipo possui atributos únicos de virulência que os diferenciam uns dos outros, bem como dos serotipos não patogénicos de *E. coli* que constituem a flora digestiva normal de vitelos saudáveis (Acres, 1985).

Os tipos de *E. coli* que normalmente causam diarreia são as *E. coli* enterotoxigénicas (ETEC). Estes tipos de *E. coli* possuem duas características de virulência que desempenham um papel importante na sua patogenicidade (*E. coli que* se fixa e apaga (AEEC) e *E. coli* produtora de toxina shiga (STEC). Estas incluem a sua capacidade de produzir entertoxinas, que estimulam a secreção de fluidos do intestino, e a presença de pílulas (fimbrias), que permitem que as bactérias adiram às células epiteliais do intestino delgado. Os serotipos de *E. coli* que têm a capacidade de aderir à parede do intestino delgado dos vitelos possuem o antigénio fimbrial K99. Com as suas fimbrias, fixam-se à parede do intestino do vitelo e produzem enterotoxinas. Estas toxinas estimulam o vitelo a produzir quantidades excessivas de secreções intestinais, conduzindo assim a diarreia grave. As ETEC geralmente interagem positivamente com outros patógenos como rotavírus e *Cryptosporidium* para causar diarréia em bezerros (Snodgrass *et al.*, 1982; Runnel *et al.*, 1986).

A E. coli pode ser classificada em seis grupos patogénicos com base no seu esquema de virulência: ETEC; *E. coli* produtora de toxina Shiga; *E. coli* enteropatogénica (EPEC); *E. coli* enteroinvasiva (EAEC); *E. coli* enteroagregativa e E. *coli* enterohemorrágica (EHEC). Estas são do tipo diarreico descrito como ocorrendo em animais de criação jovens. Entre estes grupos patogénicos, a causa mais comum de diarreia neonatal são as estirpes ETEC que produzem o antigénio de adesão k99 (F5) e também a enterotoxina estável ao calor (Nataro e kaper, 1998). Na maioria das vezes, as ETEC causam diarreia em vitelos com menos de uma semana de idade (Acres, 1985; Reynolds *et al.*, 1986; Abraham *et al.*, 1992).

Salmonelose

O género *Salmonella* contém uma única espécie com mais de 2500 variantes serológicas. O serótipo mais comum isolado é a *Salmonella typhimurium*. A *S. typhimurium* DT104 apresenta múltiplas resistências ao antibiótico comummente utilizado (Davies 2008).

Os serotipos de *Salmonella*, especialmente *Salmonella typhimurium* e *Salmonella* Dublin e, ocasionalmente, outros, causam diarreia em vitelos com 2-12 semanas de idade. O serótipo mais comum é a *Salmonella Typhimurium*, que produz enterotoxina, mas também é invasiva e produz alterações no intestino. A doença manifesta-se por diarreia profusa com septicemia e a morte pode ocorrer em 24 horas (Aiello, 1998). A doença diarreica aguda é mais comum com S. Typhimurium e a doença sistémica com S. Dublin nos bovinos (Mead *et al.*, 1999).

A doença é mais comum nos bovinos leiteiros do que nos bovinos de carne, devido às práticas de maneio. As fontes de infeção são principalmente os portadores latentes ou o ambiente contaminado, onde *as salmonelas* podem persistir durante um longo período. A dose infecciosa, os factores predisponentes e o estado imunitário dos hospedeiros determinam o resultado da infeção (Venter *et al.*, 1994).

2.1.2. Pneumonia do vitelo

A pneumonia em vitelos leiteiros é frequentemente referida como uma "doença multifatorial". É tipicamente causada por uma combinação de factores, incluindo o stress, a qualidade do alojamento e da ventilação e a presença de vírus e bactérias causais. Isto significa que, para além dos agentes infecciosos, uma multiplicidade de factores ambientais e de gestão e as suas interacções são responsáveis pelo surto da doença, que ocorre normalmente por volta das 4 ou 5 semanas de idade, podendo também ocorrer em vitelos mais jovens ou mais velhos. Esta doença causa a maior perda neste grupo etário, tanto em termos de mortalidade como de redução das taxas de crescimento e é responsável por cerca de 15% da mortalidade de vitelos desde o nascimento até aos 6 meses de idade (Heinrichs e Radostits, 2001).

A pneumonia dos vitelos é uma síndrome de etiologia múltipla causada por um ou mais organismos, incluindo bactérias (como a *Pasteurella multocida, a P. haemolytica, o Hemophilus somnus, o Actinomyces pyogenes)*, vírus (como o vírus sincicial respiratório, o vírus da Parainfulenza tipo 3, etc.) e *Mycoplasma (M. bovis, M.dispar)*. Muitos dos agentes infecciosos normalmente envolvidos na pneumonia dos vitelos estão, na verdade, presentes em vitelos saudáveis e em explorações agrícolas sem causar surtos de pneumonia. No entanto, estes agentes podem causar pneumonia se a resistência do vitelo à doença for reduzida. Qualquer um ou uma combinação de fatores ambientais e de manejo pode tornar os bezerros mais susceptíveis a doenças (Sivula *et al.*, 1996; Virtala *et al.*, 1996a). O ambiente e o manejo do bezerro são fatores muito importantes na causa da doença. Fatores ambientais como ventilação inadequada e fatores de manejo como ingestão deficiente de colostro são extremamente importantes na ocorrência da pneumonia do bezerro. A doença caracteriza-se por uma descarga nasal clara e uma temperatura elevada na fase inicial e por tosse e respiração mais rápida numa fase posterior. Alguns surtos agudos podem ocorrer com fatalidades antes de se ouvir qualquer tosse significativa (Blowey, 1990).

2.1.3. Outras causas

Outras doenças em bezerros incluindo a doença do umbigo (onfalite), artrite, inchaço, gastroenterite parasitária, e pneumonia parasitária em bezerros de pasto; parasitas artrópodes, indigestão do leite e doenças nutricionais (como ingestão inadequada de energia, proteína, vitaminas e minerais) também são relatadas (Heinrichs e Radostits, 2001).

2.1.4. Determinantes da morbilidade e mortalidade dos vitelos leiteiros

As principais doenças dos vitelos leiteiros têm uma etiologia multifatorial, resultante de interacções entre o vitelo, o agente infecioso, o maneio e os factores ambientais.

Factores do vitelo

Raça: Observam-se frequentemente diferenças na suscetibilidade dos vitelos às doenças entre as diferentes raças. As raças taurinas e os seus cruzamentos são geralmente mais susceptíveis a doenças em climas tropicais. Num estudo realizado nas terras altas da Etiópia, foi registada uma taxa de mortalidade mais elevada (62%) em 87% de cruzamentos Friesian x Boran do que em 75% de cruzamentos Friesian x Boran (32%) (Gryseels e de Boodet, 1986). Hailemariam *et al.* (1993) também encontraram maior mortalidade de vitelos em raças exóticas do que em raças locais.

A mortalidade e a morbidade também diferem entre bezerros de raças leiteiras temperadas (Olsson *et al.*, 1993; Agerholm *et al.*, 1993).

Idade do bezerro: A idade do bezerro é o fator mais importante que afeta a morbidade e a mortalidade. Aproximadamente 75% da mortalidade, em animais leiteiros com menos de um ano de idade, ocorre no primeiro mês de vida (Heinrichs e Radostits, 2001). Num estudo de três meses realizado em explorações leiteiras suecas, 70% da mortalidade ocorreu no primeiro mês de idade dos vitelos e a primeira semana de idade apresenta um risco mais elevado de morte do que qualquer outro momento posterior (Waltner-Toews *et al*, 1986; Olsson *et al.*, 1993). Do mesmo modo, Virtala *et al.* (1996b), no seu estudo de três meses, registaram o pico de ocorrência de mortalidade bruta e de diarreia na segunda semana de vida. Num estudo sobre pequenos produtores de leite em Debre Zeit, 15% da taxa de mortalidade foi registada no primeiro mês, em comparação com 8% da taxa de mortalidade entre o primeiro e o terceiro mês de vida (Gryseels e de Boodet, 1986). O que todos esses estudos mostraram foi que a idade jovem é a idade crítica para os bezerros e os produtores precisam de atenção especial para os bezerros jovens.

Factores de risco ambientais e de gestão

Pessoal da exploração: Há uma influência marcante de quem alimenta e cuida dos bezerros na saúde dos mesmos. Menos perdas por morte foram observadas em fazendas onde o proprietário cuidava dos bezerros do que em fazendas onde os funcionários realizavam as tarefas (Britney *et al.*, 1984). Isto sugere que os proprietários podem estar motivados o suficiente para fornecer os cuidados necessários para assegurar uma alta sobrevivência. Similarmente, baixa mortalidade de bezerros foi observada em rebanhos pertencentes a gerentes mais velhos e mais experientes (Heinrichs e Radostits, 2001).

Gestão da alimentação: A alimentação e os métodos de alimentação são fatores de risco importantes na morbidade e mortalidade de bezerros leiteiros. A alimentação começa com o colostro logo após o nascimento e envolve o fornecimento de alimentos líquidos aos bezerros pré-desmamados e alimentos sólidos aos bezerros desmamados (Bath *et al.*, 1985).

1. Alimentação de Colostro: O manejo adequado do colostro é um dos aspectos mais cruciais da vida de um bezerro, mas também pode ser um dos mais negligenciados. A ingestão e absorção de quantidade e qualidade suficientes de colostro é um determinante crítico para a saúde e sobrevivência dos bezerros neonatos (Blowey 1990).

Os vitelos nascem agammaglobulinémicos, o que significa que nascem com poucos ou nenhuns anticorpos e com um sistema imunitário imaturo, o que os torna mais susceptíveis a agentes patogénicos e doenças prejudiciais. Para desenvolverem o seu sistema imunitário, têm de obter anticorpos que ingerem através do colostro, e depois absorvem as imunoglobulinas através do intestino delgado (Lorenz *et al.*, 2011).

Os vitelos que não recebem colostro adequado têm uma taxa de mortalidade global mais elevada, especialmente devido a septicemia e doenças das articulações, e têm maior probabilidade de desenvolver diarreia e pneumonia, mesmo aos dois ou três meses de idade (Blowey 1990). A transferência passiva óptima (processo de absorção do IG) ocorre nas primeiras quatro horas após o parto e diminui gradualmente até à hora 24, altura em que pára. Alimentar os bezerros com colostro durante as primeiras 24 horas é o ideal para garantir que eles recebam o máximo de imunoglobulinas que seus intestinos possam absorver. A transferência passiva efetiva tem provado reduzir as taxas de mortalidade em bezerros neonatos e pré-desmamados. Uma transferência passiva bem-sucedida também pode reduzir a mortalidade nos períodos pós-desmame, aumentar a taxa de ganho complementada pela redução da idade ao primeiro parto e melhorar a produção da primeira e da segunda lactação (Godden, 2008).

O colostro é composto de muitos elementos que são benéficos para a saúde imediata do bezerro neonatal, incluindo imunoglobulinas, nutrientes, citocinas e fatores de crescimento. As imunoglobulinas desempenham o papel mais crucial no desenvolvimento completo do sistema imunitário do vitelo (Conneely, 2013). Bactérias também estão presentes no colostro adicionando contaminação e potencial bloqueio de absorção de imunoglobulinas. A fim de minimizar a quantidade de bactérias e aumentar a qualidade, é melhor pasteurizar o colostro. O melhor protocolo de pasteurização para o colostro é uma abordagem de baixa temperatura e longo tempo a **140°F** por 60 minutos (Godden, 2008).

Um bezerro deve obter uma quantidade adequada e suficiente de imunoglobulinas, e seu intestino aberto deve absorver com sucesso as moléculas para que a transferência passiva seja bem sucedida. Uma quantidade suficiente de imunoglobulinas seria maior que 50g/L de colostro. Neste nível, o colostro seria considerado de alta qualidade e o melhor colostro para o bezerro (Godden, 2008). Atingir o consumo adequado de colostro de alta qualidade em tempo hábil é considerado o fator mais importante do manejo do colostro para garantir a sobrevivência do bezerro e o sucesso da futura vaca. Durante o processo de parto, o bezerro está sob stress devido à libertação de corticosteróides, pelo que o seu sistema imunitário sofre, pelo que é vital que o bezerro consuma colostro de boa qualidade o mais rapidamente possível (Lorenz *et al.*, 2011).

A quantidade de colostro de alta qualidade que deve ser fornecida a um bezerro é de aproximadamente 10% a 12% do seu peso ao nascer; portanto, um bezerro de 90 libras seria alimentado com 4L às zero horas. Às 12 e 24 horas os bezerros devem ser alimentados com 2L de colostro para um total de 8L de colostro nas primeiras 24 horas, ou o equivalente, dependendo do seu peso corporal (Stull e Reynolds, 2008).

O volume de colostro e o método de alimentação são factores importantes para atingir o nível desejado de imunidade colostral (Besser *et al.*, 1991). De acordo com este estudo, o método de alimentação foi o fator mais importante para a falha da imunidade passiva nos vitelos do que outros factores de gestão como a utilização de colostro previamente congelado e de vacas com um longo intervalo de lactação. Novamente no mesmo estudo, observou-se que a falha na transferência de imunidade passiva era menos frequente em queijarias que utilizavam alimentação artificial (mamadeira e sonda), do que em queijarias que permitiam que os bezerros mamassem. Sugere-se que isso se deva à incapacidade dos bezerros de ingerir um volume suficiente de colostro ao mamar.

A transferência de imunidade passiva em bezerros também é influenciada pela estação do ano. Um estudo mostrou que o nível de imunoglobulina colostral no soro dos bezerros era maior durante o verão do que no inverno (Gay *et al.*, 1983). Esta variação sazonal pode ser provavelmente devida a variações na concentração de imunoglobulina no colostro ou na capacidade de absorver imunoglobulina do colostro em diferentes estações. Há também provas de que a mastite durante o período seco das vacas diminui a concentração de IgG, particularmente de IgG1 no colostro da lactação seguinte (Komine *et al.*, 2000).

2. Alimentação após o colostro: Os bezerros pré-desmamados nos rebanhos leiteiros modernos são alimentados com leite ou substituto do leite. A escolha correta do alimento líquido para os bezerros é freqüentemente difícil. O leite integral é considerado o alimento mais perfeito da natureza e a fonte mais significativa de nutrientes para o bezerro. O leite integral, entretanto, carece de ferro e potencialmente de manganês e selênio, que diferem de rebanho para rebanho dependendo da contagem do rebanho. Os nutrientes do substituto do leite são semelhantes aos do leite integral, minimizando a quantidade de potenciais deficiências de nutrientes (Soberon *et al.*, 2012).

A água é o nutriente mais crítico para os bezerros, o que é frequentemente negligenciado em muitas fazendas leiteiras. Os bezerros são obrigados a consumir água adicional além do que já é consumido na sua dieta líquida. Há muitas coisas na vida do bezerro que são afetadas pela quantidade de água consumida. Por exemplo, a quantidade de ração de arranque depende do consumo de água do bezerro. A água também ajuda a limpar o bezerro internamente e continua a ajudar a desenvolver o rúmen e o sistema digestivo (Huuskonen *et al.*, 2011).

A qualidade da ração e o método de alimentação requerem muito cuidado. O método de alimentação e o tempo de alimentação dos vitelos pré-desmamados que não asseguram o fecho do sulco esofágico, conduzem o alimento para o rúmen e causam perturbações digestivas (Blowey, 1990). O método de alimentação também foi associado a algumas doenças contagiosas (Wilson *et al.*, 1998). A transição do alimento líquido pré-desmame para o alimento sólido para bezerros desmamados é também um momento crítico na alimentação dos bezerros. Se isto não for feito cuidadosamente, o bezerro sofrerá stress alimentar e ficará suscetível a diferentes doenças (Blowey, 1990; Cry *et al.*, *1998*).

Antissepsia naval

A antissepsia do umbigo do bezerro é um protocolo extremamente importante que deve ocorrer imediatamente após o nascimento do bezerro. Um umbigo exposto é a principal via de passagem para uma infinidade de bactérias e patógenos nocivos entrarem no corpo do bezerro (Lorenz *et al.*, 2011). Uma fossa não tratada pode levar a infecções e doenças. A antissepsia do naval previne micoplasma e doenças respiratórias, resultando em uma menor taxa de morbidade e mortalidade de bezerros (Mee, 2008). Foi demonstrado que a antissepsia adequada do farnel reduz a perda de mortalidade dos vitelos para metade. As melhores práticas são mergulhar o umbigo em um recipiente limpo contendo iodo fresco para desinfetar tanto a superfície interna quanto a externa do umbigo (Gorden e Plummer, 2010). Ao tratar um umbigo, a utilização de uma antissepsia ligeira ajuda a limpar a área e a secar o umbigo. A utilização de uma antissepsia forte pode causar secagem excessiva, irritação e inflamação do umbigo e das áreas circundantes (Nagy, 2009).

Habitação

As taxas de morbidade e mortalidade são geralmente mais altas em bezerros alojados em ambientes fechados do que ao ar livre. O aumento de doenças e mortalidade em bezerros criados em ambientes fechados é freqüentemente atribuído a uma combinação de controle inadequado do ambiente térmico, baixa qualidade do ar, umidade relativa indesejável, troca inadequada de ar e falta de saneamento (Blowey, 1990). Diferentes tipos de alojamento de bezerros têm sido associados a diferentes taxas de morbidade e mortalidade de bezerros. Um estudo realizado por Olsson *et al.* (1993) indicou que manter os bezerros em baias individuais diminuiu a incidência de enterite quando comparado com baias coletivas.

Tamanho do efetivo

Um aumento acentuado da densidade populacional resulta normalmente num aumento da incidência de doenças infecciosas. Diferentes estudos relataram uma mortalidade de bezerros significativamente menor em laticínios com rebanhos pequenos do que em rebanhos grandes ou médios (Bruning-Fann e Kaneene, 1992). O tamanho do rebanho por si só não tem um efeito biológico na saúde do bezerro; ao contrário, pode ser uma medida de outros fatores como o tempo disponível para observar e cuidar dos bezerros. Outra possível razão para a aparente associação entre o tamanho do rebanho e a mortalidade dos bezerros pode ser o facto de que no caso de rebanhos pequenos pode decorrer tempo suficiente entre nascimentos sucessivos, o que reduzirá a concentração de agentes infecciosos no ambiente de criação dos bezerros (Garber *et al.*, 1994).

Época

A estação do ano é importante em áreas onde o clima vai para um extremo ou outro. Em áreas onde a temperatura do inverno é muito fria, haverá mais mortalidade de bezerros que nascem nesta estação (Aiello, 1998). De acordo com uma revisão sobre morbidade e mortalidade de bezerros feita por Bruning-Fann e Keneene (1992), os bezerros sofrem de morbidade e mortalidade e mostram menos desempenho durante o inverno do que em outras estações. Esta influência sazonal pode ser devida à própria temperatura fria ou ao longo período de alojamento, que pode levar ao aumento da pressão de infeção e a uma ventilação deficiente. Nas zonas tropicais, foi registada uma mortalidade elevada na estação seca e quente (Hailemariam *et al.*, 1993), que pode resultar da escassez de alimentos na estação seca. A estação do parto também tem um grande impacto na absorção de imunoglobulina nos bezerros. Uma pesquisa foi conduzida para estudar o efeito da estação do ano na absorção de imunoglobulinas. Foi demonstrado que em áreas temperadas as concentrações séricas de IgG eram mais baixas em bezerros nascidos no inverno e aumentavam durante a primavera e início do verão (Sharma *et al.*, 1984)

Outros factores de risco

Outros factores de risco ambientais e de gestão que se suspeita afectarem a morbilidade e a mortalidade dos vitelos incluem: práticas preventivas de vacinação, saneamento da área de parto, cuidados perinatais, nível de pastagem (seja pastagem zero, pastagem parcial ou pastagem total), nível de produção do efetivo, prática de antibióticos profilácticos, idade de desmame, separação ou mistura de vitelos, etc. (Brunning- e Kanene, 1992; Lance *et al.*, 1992; Olsson *et al.*, 1993).

2.2. Importância económica

A morbilidade e a mortalidade dos vitelos são de grande importância económica para todos os produtores de leite. A morbilidade da vitela causa custos directos de tratamento e de cuidados, afecta os dias do primeiro parto, afecta a sobrevivência do efetivo leiteiro e a produtividade futura (Waltner-Toews *et al.*, 1986; Curtis *etal.*, 1989).

A incidência de diarreia em vitelos com menos de 30 dias de idade varia entre 10 % e 20 % (Sivula *et al.*, 1996; Bendali *et al.*, 1999). Ela é responsável por aproximadamente 75% da mortalidade de bezerros leiteiros com menos de três semanas de idade (Blowey, 1990). Na exploração leiteira de Holleta, na Etiópia, entre os cruzamentos e as raças Boran, foi registada uma incidência cumulativa de 38% em 6 meses para a diarreia dos vitelos (Shiferaw *et al*, 2002).

Correa *et al.* (1988) em seu estudo com bezerras Holstein em várias fazendas leiteiras de Nova York observaram que as novilhas sem doenças respiratórias durante a vida de bezerro tinham duas vezes mais chances de parir 6 meses mais cedo comparadas com aquelas que tiveram doenças respiratórias durante a vida de bezerro. Estudos de Nova Iorque descobriram que as doenças dos vitelos, e especialmente as doenças crónicas como a pneumonia, têm um impacto negativo nas taxas de crescimento dos vitelos. Estudos também mostraram que a doença da cria resulta em uma diminuição da probabilidade de sobrevivência da novilha até o parto, coloca-a em um risco maior de ser abatida antes do parto, e resulta em um aumento da idade do primeiro parto (Correa *et al.*, 1988).

A morte do bezerro também causa uma perda de material genético para o melhoramento do rebanho e diminui o número de novilhas leiteiras disponíveis para a substituição e expansão do rebanho (Heinrichs e Radostits, 2001). Além dos custos associados à mão de obra adicional, gastos com medicamentos e morte do bezerro, há o impacto econômico potencial associado ao baixo desempenho a longo prazo dos bezerros afetados. Foi demonstrado que o peso ajustado ao desmame diminui em até 15,9 kg por bezerro afetado devido à morbidade do bezerro (Wittum, 1994). As perdas económicas resultantes da mortalidade e morbidade da vitela podem ser facilmente reconhecidas, mas o efeito da morbidade na saúde e desempenho futuros, que pode constituir uma perda de maior importância, é difícil de estimar. O sistema de gestão de uma exploração leiteira deve empregar uma estratégia que reduza a mortalidade dos vitelos e melhore o seu desempenho através do controlo das doenças. Com boas práticas de gestão, a mortalidade anual de vitelos com menos de um mês de idade pode ser reduzida para menos de 3-5% e a idade do primeiro parto para cerca de 24 meses (Heinrichs e Radostits, 2001).

2.3. Situação da morbilidade e mortalidade dos vitelos na Etiópia

2.3.1. Causas

As causas mais freqüentemente relatadas de morbidade e mortalidade em bezerros leiteiros na Etiópia incluem diarréia, pneumonia, parasitas gastrointestinais, doenças de pele, etc. (Gryseels e de Boodet, 1986; Hassen e Brannag, 1996; Amoki, 2001; Lemma *et al.*, 2001; Shiferaw *et al.*, 2002). Estes estudos também mostraram que a diarréia e a pneumonia dos bezerros são as principais causas nos bezerros mais jovens e os parasitas gastrointestinais nos bezerros mais velhos que estavam no pasto.

Existem muito poucos estudos efectuados para identificar agentes específicos envolvidos em síndromes de doença como os acima mencionados. Abraham *et al.* (1992) tentaram identificar agentes infecciosos específicos associados à diarreia neonatal em vitelos leiteiros da Etiópia. Encontraram o coronavírus entérico bovino, o rotavírus do grupo A e a *E. coli* enterotoxogénica K99, independentemente ou em combinação, em vitelos com diarreia. O coronavírus entérico bovino foi o agente patogénico mais frequentemente detectado, seguido do rotavírus. *A Salmonella* foi detectada em bezerros diarréicos e foi responsável pela morte de bezerros em diferentes partes do país (Pergram *et al.*, 1981).Hussien (1998) e Simachew (1998) também isolaram *E. coli* de bezerros diarréicos, mas isto não diz muito sobre a significância das bactérias isoladas para a causa da doença. Isto porque a maioria das estirpes de *E. coli* são flora normal do trato gastrointestinal dos mamíferos e a estirpe com capacidade de causar doenças deve ser identificada antes de as incriminar como causas.

A diarreia dos vitelos foi considerada o problema de saúde predominante e a principal causa de mortalidade nos efectivos estudados na Etiópia, com uma taxa de incidência de 42,9%, seguida da pneumonia (4,9%) (Hussein, 1998; Lemma *et al.*, 2001 e Ferede *et al.*, 2014).

2.3.2. Taxas de mortalidade e morbilidade

A maior parte dos estudos sobre vitelos registou mortalidade. As taxas de morbilidade não foram geralmente comunicadas, o que pode dever-se à falta de fiabilidade dos registos das doenças nas explorações. No entanto, considera-se que os relatórios sobre a mortalidade mostram de forma mais geral o estado da doença nesses efectivos.

As taxas de mortalidade de bezerros relatadas na Etiópia variam de 7 a 25% em bezerros pré-desmamados (Sisay e Ebro, 1998; Shiferaw *et al.*, 2002). Hassen e Brannag (1996) relataram uma taxa de mortalidade de 53% a partir de um registo de três anos da exploração leiteira Ada Berga, que mantém raças Jersey dinamarquesas. De acordo com Ferede *et al.* (2014), as taxas brutas de morbidade e mortalidade geral de bezerros mestiços foram de 58,4% e 30,7%, respetivamente.

Diferentes estudos tentaram avaliar diferentes fatores de risco para a morbidade e mortalidade de bezerros. A idade mais jovem e o nível mais alto de sangue Taurus dos bezerros foram associados a uma mortalidade mais alta (Gryseels e de Boodet, 1986; Hialemariam *et al.*, 1993; Shiferaw *et al.*, 2002). Diferentes fatores de manejo e ambientais foram relatados como afetando significativamente a morbidade e mortalidade dos bezerros. Estes incluem: idade, alimentação colostral, tempo de alimentação do colostro, alojamento, assistência ao parto, sistema de produção, tamanho do rebanho, higiene do microambiente, estação do ano, etc. (Hailemariam *et al.*, 1993; ILRI, 1996; Simachew, 1998; Amoki, 2001; Shiferaw *et al.*, 2002; Ferede *et al.*, 2014).

CAPÍTULO 3. MATERIAIS E MÉTODOS

3.1. Descrição da área de estudo

O estudo foi efectuado na cidade de Harar. Harar, capital do Estado Regional de Harari, fica a 525 km a leste de Adis Abeba, a capital da Etiópia. A região está situada a 41°59' 58"N e 9°24'10" E. A temperatura média anual situa-se entre 17,1°C-20,2° C, a intensidade média anual da precipitação varia entre 750-1.000 mm (NMSA, 2011).

3.2. Animal de estudo

As unidades de amostragem para este estudo foram os vitelos com menos de 2 meses de idade. Todos os vitelos provinham de explorações leiteiras situadas em Harar, pequenas explorações leiteiras situadas nesta área de estudo específica. Em média, foram encontrados quatro vitelos com menos de 2 meses de idade em cada exploração leiteira selecionada.

3.3. Conceção do estudo e técnica de amostragem

Foi realizado um estudo prospetivo de coorte único e fechado durante quatro meses a partir do início de ...., numa exploração leiteira na cidade de Harar. Os dados foram recolhidos na unidade de estudo (vitelos com menos de 2 meses de idade) sobre acontecimentos associados a problemas de saúde dos vitelos (morbilidade e mortalidade) numa base longitudinal (acompanhamento) e foram inquiridos relativamente a potenciais factores de risco com base num questionário durante o período de estudo.

Antes de realizar o estudo, foi efectuado um inquérito preliminar na área de estudo para avaliar a disponibilidade de informações sobre o animal em estudo. A partir deste estudo, descobriu-se a escassez de informações, especialmente em relação ao animal em estudo encontrado numa determinada exploração leiteira, mesmo que a lista de explorações na cidade possa ser acedida a partir do centro de agricultura da cidade.

Devido aos condicionalismos acima referidos, foi difícil utilizar outros métodos de amostragem para além do método de amostragem por conglomerados, que é aplicável na ausência de uma base de amostragem para o animal em estudo. Por conseguinte, foram utilizadas explorações leiteiras individuais orientadas para o mercado nas cidades para selecionar o animal de estudo. A dimensão da amostra para a amostragem por conglomerados numa fase é determinada pela fórmula apresentada por Thrusfield (2005);

$$g = \frac{1.96^2 \{nV_c + P_{exp}(1 - P_{exp})\}}{nd^2},$$

onde:

g = número de clusters a amostrar;

n = número médio previsto de animais por grupo;

Pexp = prevalência esperada;

d = precisão absoluta desejada;

Vc = variância entre clusters.

Para efeitos de determinação da dimensão da amostra, foi utilizada a mortalidade esperada de vitelos de 9,3% (relatada por Bekele et al., 2009), um nível de confiança de 95% e uma precisão absoluta necessária de 5%. Além disso, foi feita uma suposição sobre o componente de variância entre os grupos. Uma indicação da componente de variância entre agregados (Vc), que é a variação esperada entre agregados se todos os animais nos agregados fossem amostrados, assumiu ser muito pequena com agregados de tamanho pequeno (dois vitelos com menos de dois meses de idade por agregado).

Assim, para o estudo foram seleccionadas 30 (explorações leiteiras) com um número médio de 4 animais por exploração e um total de 130 vitelos (com menos de dois meses de idade) que serão incluídos no estudo.

Como indicado acima, no processo de amostragem propriamente dito, a lista de explorações agrícolas foi retirada do beuoru agrícola da região de Harari e foi construída uma base de amostragem a partir de uma exploração com unidades de estudo (vitelos com menos de dois meses de idade), depois de terem sido identificados num inquérito preliminar.

3.4. Métodos de estudo

3.4.1. Estudo transversal baseado num questionário

Um questionário estruturado pré-testado foi administrado aos produtores de leite seleccionados através de uma entrevista numa visita. O questionário foi concebido para recolher informações sobre as características da exploração, as técnicas de maneio dos vitelos, os cuidados periparto, a alimentação e o alojamento, bem como os antecedentes de doenças dos vitelos. A amostra do formato do questionário é apresentada no Apêndice 1.

3.4.2. Estudo longitudinal

A monitorização das explorações leiteiras relativamente à morbilidade e mortalidade dos vitelos foi realizada durante 4 meses consecutivos, desde o início de fevereiro de 2017 até maio de 2017. Para efeitos deste estudo, o vitelo foi definido como o gado jovem com menos de seis meses de idade, a morbilidade como qualquer doença que tenha manifestações clínicas reconhecíveis e a mortalidade como a morte de vitelos com idade superior a 24 horas mas inferior a 6 meses.

Para a monitorização, todos os bezerros das explorações seleccionadas que tinham dois meses de idade no início do período de estudo foram diagnosticados pela ausência de qualquer manifestação clínica reconhecível da doença e juntaram-se à coorte para monitorização pelo investigador durante todo o período de acompanhamento. Os registos individuais dos vitelos serão preparados usando um formato quando um vitelo se junta à coorte de estudo (Anexo 2).

Os registos individuais do cartão de vitelo serão utilizados para registar a genealogia do vitelo, os eventos que envolvem o nascimento do vitelo, as práticas de gestão de rotina aplicadas ao vitelo e os incidentes de problemas de saúde que foram observados durante a monitorização.

Durante as visitas regulares à exploração foram realizadas diferentes actividades para ajudar o investigador a identificar os problemas de saúde dos vitelos. Assim, o exame clínico dos vitelos para detetar qualquer problema de saúde. Isto envolveu o exame físico dos vitelos e a medição de parâmetros corporais normais, como a temperatura corporal, a frequência respiratória e a frequência de pulso, quando se suspeitava de uma anomalia.

Observação de diferentes aspectos do maneio dos vitelos, tais como a limpeza do estábulo e as práticas de alimentação Perguntar aos tratadores de vitelos a ocorrência de incidentes relacionados com problemas de saúde dos vitelos entre as visitas e registar a história do problema de saúde do vitelo, o que permitiria ao investigador inferir a possível causa e, assim, ajudar no diagnóstico.

Para além das visitas regulares, foram efectuadas visitas de emergência em resposta a chamadas das explorações para problemas de saúde dos vitelos.

No processo de monitoramento, os bezerros foram visitados a cada duas semanas. As morbidades encontradas durante o período de monitoramento serão categorizadas em nove condições/síndromes com base nos sinais clínicos. Estas foram:

Diarreia: Qualquer condição caracterizada pela passagem de fezes soltas ou aquosas com maior frequência, que pode ou não ser acompanhada por outros sinais sistémicos como desidratação, diminuição do apetite ou febre.

Pneumonia: quando se observa tosse frequente com ou sem descargas respiratórias e febre.

Doença febril: Qualquer condição caracterizada por depressão, anorexia e febre sem qualquer envolvimento distinto de um sistema corporal específico.

Doença do umbigo: inchaço do cordão umbilical que é doloroso quando palpado e com e sem formação de abcesso.

Doença das articulações (artrite): Aumento das articulações, geralmente com formação de abcessos em um ou todos os membros, que pode ou não ser causado por outra doença.

Lesão cutânea: Hiperqueratinização e queda de pêlos em diferentes partes da pele com ou sem ferida infetada localmente e formação de abcessos.

Condição traumática: ferida em diferentes partes do corpo devido a lesões traumáticas causadas pela penetração de chifres e unhas, com ou sem formação de abcessos.

Inchaço: inchaço em diferentes partes do corpo que são moles ou duras à palpação.

Oftalmia: Lacrimação de um ou ambos os olhos sem quaisquer sinais sistémicos.

3.7 Gestão e análise de dados

3.7.1 Descrição da exploração agrícola com base na pergunta

Os dados recolhidos sobre as características das explorações agrícolas foram registados numa folha Microsoft Excel e foram calculadas estatísticas descritivas como proporções e médias.

3.7.2. Descrição dos problemas de morbilidade e mortalidade

Uma vez que foram efectuadas várias medições nos animais do estudo longitudinal em alturas diferentes e que foram seguidos durante períodos de tempo diferentes, a densidade de incidentes (Taxa) e a incidência cumulativa (Risco) foram utilizadas para determinar o estado de morbilidade e mortalidade na população estudada.

A densidade de incidentes (I) foi calculada dividindo o número de novos casos de interesse ocorridos nos animais do estudo durante o período de acompanhamento pela soma (em todos os indivíduos) do período de tempo em risco de desenvolver a doença. Os casos aqui são referidos a uma das condições/síndromes de doença definidas anteriormente ou à morte dos bezerros. O número total de dias de risco do bezerro foi encontrado somando o número de dias em risco de obter um novo caso em cada bezerro no período de estudo.

A incidência cumulativa (IC) foi calculada dividindo o número de indivíduos que ficaram doentes durante o período de estudo pelo número de indivíduos saudáveis na população no início desse período. Além disso, em alternativa, pode ser prevista a partir da taxa de incidência.

As taxas de incidência foram calculadas para a morbilidade bruta, a mortalidade bruta e para cada doença/síndroma específico, antes de, no cálculo das taxas de morbilidade bruta e de morbilidade específica dos sintomas da doença, todos os casos serem contados como um novo caso, mesmo que tenha sido observado mais do que um caso de doença num único vitelo.

Embora a morbilidade e a mortalidade brutas no estudo tenham sido originalmente calculadas como densidade de incidência (taxas), foram derivadas em incidência cumulativa (risco) para facilitar a comparação dos resultados com outros estudos.

3.7.3. Investigação dos factores de risco para a morbilidade e a mortalidade

Na análise dos factores de risco de mortalidade e morbilidade no presente estudo, todos os dados do cartão do vitelo e dos atributos da exploração foram analisados ao nível do vitelo. Apesar de um total de 38 potenciais variáveis de risco, das quais 6 factores do vitelo e 32 factores ambientais e de gestão, terem sido considerados para a análise, no entanto a análise foi feita apenas utilizando 19 das potenciais variáveis de risco (Apêndice 3). As restantes variáveis não puderam ser utilizadas para análise porque ou tinham muito poucas observações por categoria ou foram registadas respostas semelhantes para todos os sujeitos (vitelos) (Apêndice 5).

A fim de facilitar a análise e a interpretação dos resultados, a resposta de todas as variáveis foi dicotomizada. Ao dicotomizar as variáveis contínuas e as variáveis categóricas com resposta de mais de dois níveis, teve-se o cuidado de tornar os pontos de corte biologicamente plausíveis. Na análise dos factores de risco, apenas foi considerada a primeira ocorrência de casos, uma vez que os casos subsequentes não seriam independentes do primeiro, o que é necessário para a maioria das análises estatísticas.

As estatísticas sobre as associações entre os factores de risco (variável explicativa) e a variável de resultado (variável de estado) foram efectuadas através do modelo de risco proporcional de Cox (regressão de Cox). As variáveis significativamente associadas à variável de resultado a um nível de significância de 5% na análise univariada foram seleccionadas para a análise multivariada, tendo sido ajustado um modelo para cada variável de resultado (estado), eliminando passo a passo as variáveis não significativas (p>0,05).

CAPÍTULO 4. RESULTADO

4.1. Estatísticas descritivas

Todas as explorações incluídas neste estudo criavam animais de raça cruzada e estavam sujeitas a um sistema intensivo de produção de leite. Cerca de 23,3% e 13,3% das explorações são a principal fonte de rendimento do produtor e os tratadores são do sexo feminino, respetivamente.

Todas as explorações servem as suas vacas através de inseminação artificial e criam os seus próprios animais de substituição e nenhuma dispunha de instalações de parto (cela de parto separada). O conhecimento da importância imunológica do colostro estava presente em todas as explorações, mas apenas 10% (3) das explorações alimentavam os vitelos com colostro na altura certa.

Todas as fazendas estudadas alimentaram os bezerros com leite integral duas vezes ao dia e a quantidade de leite fornecida por cabeça de bezerro, a idade de introdução de alimentos não lácteos e a idade de desmame variaram de fazenda para fazenda. A quantidade de leite fornecida diariamente aos bezerros varia de 3 a 4 litros por cabeça, dependendo da idade e da fazenda. Em nenhuma das explorações foi utilizado qualquer alimento especial de arranque, mas sim palha, feno e alimentos concentrados para os vitelos, sendo 4,2 semanas de idade a idade média de introdução dos alimentos. A maioria das explorações aloja (83,84%) os vitelos com menos de seis meses de idade em compartimentos separados e as restantes (16,15%) alojam os vitelos juntamente com as vacas no mesmo estábulo e em nenhuma das explorações leiteiras foram utilizados materiais de cama, instalações de parto separadas e pedilúvios.

Na maioria das explorações leiteiras não se efectuam visitas regulares às explorações, no entanto, os veterinários regionais e privados visitam as explorações em caso de condições sanitárias anormais.

Entre os 30 agricultores entrevistados, 21 (70%) mencionaram que a morbilidade e a mortalidade dos vitelos é um dos problemas de saúde, e a maioria deles queixou-se da diarreia como uma das principais causas de morbilidade e mortalidade.

4.2 Morbilidade e mortalidade

Para determinar a incidência de doenças e distúrbios, 130 bezerros foram observados durante quatro meses. A incidência de diferentes doenças e condições/síndromes de doenças foi mostrada na Tabela 2. O resultado deste estudo mostrou que a incidência cumulativa de morbidade e mortalidade bruta durante o período do estudo foi de 63,65% e 11,3% respetivamente. A diarreia dos vitelos foi considerada a principal causa de morbilidade dos vitelos, com um risco de incidência de 25,32%, seguida da pneumonia (14,87%). O número total de doentes navais foi de (6), incluindo (6) febre, (3) artrite, (3) lesões cutâneas, (2) inchaço e (1) oftalmia.

Tabela 1. Incidência de diferentes doenças e condições/síndromes de doença em vitelos

Doenças Condição	N.º de casos	Mês do vitelo em risco	Por vitelo mês	Taxa de incidência	
				Taxa de incidência /bezerro 4 meses em risco (I)	Risco de incidência (%)

Diarreia	26	356.3	0.073	0.292	25.32
Pneumonia	15	371.7	0.040	0.161	14.87
Doença naval	6	399.7	0.015	0.112	5.82
Febre	6	399.7	0.015	0.064	5.82
Artrite	3	409	0.007	0.032	2.76
Lesão cutânea	3	409	0.007	0.032	2.76
Inchaço	2	412	0.005	0.020	1.88
Oftalmia	1	415.2	0.002	0.008	0.9
Morbilidade bruta	62	245.1	0.253	1.012	63.65

Tabela 2. A mortalidade de vitelos associada a diferentes doenças

Causa da morte	N.º de óbitos	Mês do vitelo em risco	Por vitelo mês	Taxa de incidência	
				Taxa de incidência /bezerro 4 meses em risco (I)	Risco de incidência (%)
Diarreia	6	410.4	0.015	0.06	5.8
Pneumonia	4	409.2	0.01	0.04	4
Doença naval	1	416	0.0024	0.0096	0.95
Febre	1	416.3	0.0024	0.0096	0.95
Mortalidade dos vitelos	12	397.1	0.03	0.12	11.3

4.3. Associação de potenciais variáveis de risco com a incidência de morbilidade e mortalidade Das 19 variáveis explicativas consideradas para a análise dos factores de risco de morbilidade e mortalidade, verificou-se que 10 e 5 factores estavam significativamente ($P<0,05$) associados à morbilidade e mortalidade de vitelos brutos numa análise univariada utilizando a regressão de Cox, respetivamente.

Tabela 3. Variáveis de risco potenciais significativamente associadas à incidência de morbidade bruta de bezerros em uma análise univariada usando regressão de Cox

Variáveis	RH	95% CI de HR	Valor P
Idade	0.160	0.093-0.277	0.000
Condição de nascimento	0.565	0.326-0.978	0.042
Paridade da barragem	1.802	1.057-3.071	0.030
Idade da primeira ingestão de colostro	0.392	0.231-0.664	0.001
Quantidade de leite fornecida diariamente / cabeça de vitelos	0.547	0.313-0.957	0.035
Idade do desmame	2.475	1.400-4.375	0.002
Estado da ventilação do	0.262	0.155-0.445	0.000

celeiro

Estado de drenagem do celeiro	5.103	2.942-8.885	0.000
Sistema de eliminação de estrume	2.221	1.270-3.883	0.000
Limpeza da casa	0.439	0.257-0.749	0.003

Além disso, foi efectuada uma análise multivariada com os potenciais factores de risco significativamente associados (P<0,05) à morbilidade da barriga da perna na análise univariada, utilizando o modelo de regressão multivariada de Cox. Assim, o resultado da análise multivariada mostra uma associação significativa de três variáveis com a morbidade da panturrilha. Estas incluem a idade do bezerro (P<0,000), a condição de nascimento (P<0,001) e a ventilação do estábulo (P<0,001).

Mantendo-se constantes os efeitos de outros factores, os riscos de morbilidade foram ... mais elevados para os vitelos que nasceram de parto assistido devido a diistócia do que os nascidos de parto normal.

O risco de morbidade nos bezerros mais velhos foi de apenas 25,3% do risco dos bezerros mais jovens e este risco médio de morbidade foi 4 vezes maior nos bezerros mais jovens do que nos bezerros mais velhos. Da mesma forma, o risco de morbidade nos bezerros que foram alojados em locais com pouca ventilação foi 2,1 vezes maior do que aqueles alojados em locais com boa ventilação (Tabela 4).

Tabela 4. Variáveis de risco potenciais significativamente associadas à incidência de morbidade bruta de bezerros em uma análise multivariada de regressão de Cox.

Variáveis	RH	95% CI de HR	Valor P
Idade	0.250	0.139-0.451	0.000
Condição de nascimento	0.430	0.236-0.785	0.006
Estado da ventilação do celeiro	0.382	0.205-0.714	0.003

A idade do bezerro, a condição de nascimento, a paridade da mãe, a idade da primeira ingestão de colostro e a limpeza da casa foram significativamente associadas à mortalidade do bezerro com base na análise univariada de regressão de Cox (Quadro 5).

Tabela 5. Variáveis de risco potencial significativamente associadas à incidência de mortalidade bruta de bezerros com base na análise de regressão univariada de Cox

Variáveis	RH	95% CI de HR	Valor P
Idade	0.104	0.022-0.483	0.008
Condição de nascimento	0.186	0.059-0.587	0.004
Paridade da barragem	3.229	1.040-10.027	0.043
Idade da primeira ingestão de colostro	0.123	0.037-0.411	0.001
Limpeza da casa	0.130	0.039-0.435	0.001

Para além da análise univariada, foi efectuada uma análise multivariada de regressão de Cox, ajustando o modelo com o potencial fator de risco significativamente associado à mortalidade bruta dos vitelos na análise univariada. Consequentemente, verificou-se que os factores idade e limpeza da exploração estavam significativamente associados à mortalidade dos vitelos (Quadro 6).

Tabela 6. Variáveis de risco potenciais significativamente associadas à incidência de mortalidade bruta de bezerros em uma análise multivariada de regressão cox

Variáveis	RH	95% CI de HR	Valor P
Idade	0.197	0.040-0.958	0.044
Idade da primeira ingestão de colostro	0.279	0.079-0.983	0.047
Limpeza da casa	0.268	0.076-0.935	0.039

Uma vez que a diarreia do vitelo é a principal causa de morbilidade e mortalidade do vitelo, foi efectuada uma análise univariada e multivariada de regressão de cox para descobrir o fator de risco associado à diarreia do vitelo. Os resultados da análise univariada de cox regrassion para todos os factores testados para a diarreia do vitelo estão indicados no apêndice 8.

O risco de contrair diarréia de bezerro em bezerros mais velhos foi de apenas 3,4% do que em bezerros mais jovens e isto significa que o risco foi 25,6 vezes maior em bezerros jovens do que em bezerros mais velhos. Além da idade, a limpeza do estábulo é o outro fator conhecido por sua associação significativa com a diarréia do bezerro.

Tabela 7. Variáveis de risco potenciais significativamente associadas à incidência de diarreia de bezerros com base na análise de regressão de Cox univariada e multivariada

Variáveis	RH	95% CI de HR	Valor P
Análise de regressão de Cox não variada			
Idade	0.033	0.008-0.142	0.000
Paridade da barragem	2.613	1.298-5.256	0.007
Idade da primeira ingestão de colostro	0.341	0.168-0.692	0.003
Estado de drenagem do celeiro	3.617	1.709-7.653	0.001
Estado da ventilação do celeiro	0.325	0.156-0.676	0.003
Limpeza da casa	0.286	0.143-0.575	0.000
Sistema de eliminação de estrume	2.709	1.305-5.622	0.007
Análise de regressão multivariada de Cox			
Idade	0.039	0.009-0.165	0.000
Limpeza da casa	0.494	0.245-0.995	0.049

CAPÍTULO 5. DISCUSSÃO

A morbilidade e a mortalidade dos vitelos são os principais constrangimentos do sistema de produção leiteira. Estimei a incidência cumulativa de morbilidade bruta dos vitelos em **63,65%** e de mortalidade bruta dos vitelos em **11,3%** nas explorações leiteiras seleccionadas do local de estudo.

O risco de incidência global de doenças dos vitelos foi de 63,65%. Observações semelhantes foram também efectuadas por outros autores (Wudu et al., 2008; Ferede et al., 2014). A mortalidade geral de doenças de bezerros foi de **11,3%**, semelhante a 9,3% de Megersa et al. (2009) e inferior a muitos relatórios anteriores, como 71,1% e 30,7% de Hossain et al. (2013) e Ferede et al. (2014), respetivamente.

Os resultados do presente estudo sobre o relatório de incidência cumulativa de morbilidade e mortalidade da gripe, comparados com os de outros autores, revelaram uma maior variabilidade devido a diferentes desenhos de estudo e períodos de acompanhamento, diferentes condições de gestão e ambientais e diferentes métodos de diagnóstico.

A diarreia do bezerro foi a principal causa infecciosa de morbidade do bezerro. Os nossos resultados estão de acordo com os resultados anteriores de alguns autores (Trence, 2001; Wudu et al., 2008). O risco de incidência de diarreia em bezerros foi de **25,32%**, o que estava de acordo com outros autores (Megersa et al., 2009 e Malik et al., 2012). No nosso estudo, o risco de incidência de doença do umbigo foi de **8,5 %**, o que está de acordo com o relatório de Ferede et al. (2014).

No entanto, Wudu et al. (2008) relataram um risco de incidência menor (3,7%) de doença do umbigo do que o nosso achado. Neste estudo, os agricultores não cortaram o cordão umbilical logo após o parto e não usaram antissético para evitar a infeção do umbigo. De facto, os agricultores não conheciam os benefícios desta amamentação para os vitelos recém-nascidos e esse desconhecimento pode estar na origem do aumento do risco de incidência da doença do umbigo.

O risco de incidência de morbidade e mortalidade por pneumonia foi de 14,87% e 4%, respetivamente. Wudu et al. (2008) registaram uma morbilidade de pneumonia inferior (4,9%), mas Ferede et al. (2014) registaram uma morbilidade de pneumonia superior (18,6%) à do nosso estudo.

Foi interessante notar que o risco de mortalidade devido a pneumonia foi muito baixo (4%) nos primeiros seis meses de idade em comparação com outros que relataram 15 - 38,75% de mortalidade no mesmo grupo etário (Samad, 2008; Hossain et al., 2013).

Em relação ao fator de risco putativo, uma gama de variáveis explicativas foi analisada quanto à sua associação com a mortalidade bruta, a morbidade bruta e a diarréia do bezerro. Neste estudo, os bezerros com menos de três meses de idade estavam em maior risco de morbidade, mortalidade e diarréia, de acordo com estudos anteriores (Walter-Toews et al.,1986, Virtal etal., 1996; Wudu et al., 2008). Por outro lado, há também estudos que indicam maior mortalidade em bezerros mais velhos do que nos mais jovens (Debanth et al., 1990).

Além da idade, o tempo da primeira ingestão de colustrum também foi outro fator importante encontrado significativamente associado à mortalidade, morbidade e incidência de diarréia em bezerros. O resultado do presente estudo está de acordo com (Beam et al., 2009) que relatou um aumento no risco de morbidade, mortalidade e diarréia em bezerros sugerido pelo atraso na ingestão de colustrum. Autores etíopes também relataram resultados semelhantes, incluindo Wudu et al., (2008), Ibrahim e Lemma (2009) e Yeshiwas et al. (2014).

Neste estudo, o risco de incidência de morbidade e mortalidade de bezerros foi de 63,65% e 11,3%, respetivamente, o que é maior do que o nível economicamente tolerável. O presente estudo também mostrou que a diarréia de bezerros foi o problema de saúde predominante responsável pela maioria das doenças de bezerros. No entanto, a diarréia do bezerro é uma síndrome de grande complexidade etiológica e com grandes causas infecciosas envolvidas. Recomenda-se um estudo mais abrangente e extenso para identificar os factores de risco e os agentes etiológicos associados à morbilidade e mortalidade dos vitelos.

26

CAPÍTULO 6. CONCLUSÕES E RECOMENDAÇÕES

Verificou-se que a morbilidade e a mortalidade dos vitelos são relativamente elevadas na área examinada e podem ter efeitos prejudiciais a curto e a longo prazo na produção leiteira, ao suprimirem a taxa de crescimento dos vitelos e a capacidade de substituição do efetivo.

Verificou-se também que tanto o vitelo como o fator ambiental, incluindo:

foram os determinantes mais importantes associados aos problemas de saúde dos bezerros nas áreas de estudo. O presente estudo também mostrou que a diarréia foi o problema de saúde predominante responsável pela maioria das doenças e mortes de bezerros. Mesmo que a diarréia tenha sido considerada o problema de saúde predominante dos bezerros, a causa da diarréia e de outros problemas de saúde ainda não foram estudados devido ao escopo do presente estudo.

em conformidade com as conclusões acima referidas, são transmitidas as seguintes recomendações:

> O gabinete de agricultura da cidade de Harar tem de trabalhar em estreita colaboração com os produtores de leite para os sensibilizar para as boas práticas de criação e gestão de vitelos.

> A implementação de práticas melhoradas de maneio de vitelos é muito sugerida para reduzir o elevado nível de problemas de doenças de vitelos nas manadas estudadas e também noutras áreas com sistemas de maneio semelhantes.

> deve ser dada especial atenção às práticas de maneio dos vitelos neonatais em relação ao momento da alimentação com colostro e à higiene do alojamento dos vitelos.

> deve ser efectuado um estudo mais exaustivo para identificar as principais causas infecciosas envolvidas.

REFERÊNCIAS

AACM (Australian Agricultural Consulting and Management) 1985. Relatório de Preparação do Projeto: Dairy Rehabilitation and Development Project Annexes. Vol. 2, AACM Co. Ltd., Adelaide.

Abraham, G., Roeder, D.T., Roman, Z. 1992. Agents associated with neonatal diarrhea in Ethiopian dairy Calves. *Tropical Animal Health and Production* **25**, 239-248.

Acha SJ, Kuhn I, Jonsson P, Mbazima G, Katouli M, Mollby RS. 2004. Estudos sobre a diarreia de vitelos em Moçambique: prevalência de agentes patogénicos bacterianos. *Ata Vet Scand;45:27-36.*

Acres, S.D. 1985. Infeção por *Escherichia Coli* enterotoxigénica em vitelos recém-nascidos: A review. *J Dairy Sci* **68**, 229 - 256

Agerholm, J. S., Bessa A., Krogh, H. V. Christene, K., Ronshoit, L. 1993. Aborto e mortalidade de vitelos em efectivos bovinos dinamarqueses.*Ata vet. scand.34,* 371-378.

Aiello, S.E. 1998. The Merck Veterinary Manual. 8ªed. New Jersy: Merck & Co. Inc.

Amoki, O.T. 2001. Management of dairy calves in Holleta area, central highlands of Ethiopia.Faculty of veterinary medicine, Addis Ababa University, Debre Zeit, Ethiopia, MSc thesis.

Arcangioli, M., Duet, A., Meyer, G., Dernberg, A., Bezille, P., Poumarat, F., LeGrand, D., 2008.The role of *Mycoplasma bovis* in bovine respiratory disease outbreaks in veal calf feedlots.The *Vet. J.* **177**, 89-93.

Autio, T., Pohjanvirta, T., Holopainen, R., Rikula, U., Pentikainen, J., Huovilainen, A., Rusanen, H., Soveri, T., Sihvonen, L., Pelkonen, S., 2007. Etiologia da doença respiratória em vitelos não vacinados e não medicados em efectivos de criação. Vet. Microbiol., 256-265.

Bath, D.L., Dickinson, F.R., Tucker, H.A., Appleman, R.D. 1985. Dairy Cattle: Problems, Practices, Problems and Profits, 3rd ed. Philadelphia: Lea and Febiger. PP 325-338.

Bauer A.W., Kirby W.M., Sherris J. C., e Turck M., 1966. "Antibiotic susceptibility testing by a standardized single disk method," *TheAmerican Journal of Clinical Pathology,* vol. 45, no. 4, pp. 493-496.

Belihu, K. 2002. Análise do programa de criação de gado leiteiro em áreas seleccionadas da Etiópia. Landwirtsch Aftlich-Gartenerische Fakultat der Humbodt Universitat Zu Berlin, PhD. Tese de doutoramento.

Bendali, F., Bichet, H., Schelcher, F., Sanna, M. 1999.Pattern of diarrhea in newborn calves in south- west France. *Veterinary research* **30**, 61 - 74 (resumo).

Bhatti, S. A., M. Sarwar, M. S. Khan e S. M. I. Hussain, 2007.Reduzir a idade ao primeiro parto através de manipulações nutricionais em búfalas e vacas leiteiras: A review.Pakistan Vet. J., 27(1): 42-47.

Bjorkman, C., Svensson, C., Christensson, B., de Verdier, K., 2003. Cryptosporidium parvum e Giardia intestinalis em diarreia de vitelos na Suécia.Ata Vet. Scand. 44, 145-152.

Blowey, R.W. ,1990. Veterinary Book for Dairy Farmers (Livro Veterinário para Produtores de Leite). 2ª ed. Ipswich: Farming press Ltd. Pp15-33.

Britney, J.B., Martin, S.W., Stone, J.B., Curtis, R.A. 1984. Análise do estado de saúde dos primeiros bezerros e subsequente sobrevivência e produtividade do rebanho leiteiro. *Preventive VeterinaryMedicine* **3**, 45-52.

Bruning-Fann, C. e Kaneene, J.B. 1992. Factores de risco ambientais e de gestão associados à morbilidade e mortalidade em vitelos perinatais e pré-desmame: uma revisão de uma perspetiva epidemiológica. *Boletim Veterinário* **62**, 399-403.

Busato, A., Steiner, L., Martin, S.W., Shoukri, M.M., Gaillard, C..1997. Saúde dos vitelos em manadas de vacas na Suíça. *Medicina Veterinária Preventiva* **30**, 9-22.

Carter, G.R., Wise, D.J., 2004: Pasteurella e Mannhemia. In: Essantials of Veterinary Bacteriology and Mycology. 6ª ed., Iowa State Pres; 149-154.

Catry, B., Decostere, A., Schwarz, S., Kehrenberg, C., de Kruif, A., Haesebrouck, F. 2006: Deteção de pasteureláceas susceptíveis e resistentes à tetraciclina na nasofaringe de vitelos alojados em grupos soltos. Vet. Res. Commun.,; 30: 707-715.

Agência Central de Estatística (CSA), 2013. República Federal Democrática da Etiópia; Inquérito por Amostragem Agrícola 2012/13 Relatório sobre: Pecuária e Características da Pecuária: Boletim Estatístico, Volume II, pp.39.

Cho Y, Kim W, Liu S, Kinyon JM, Yoon KJ. 2010. Desenvolvimento de um painel de ensaios multiplex de reação em cadeia da polimerase em tempo real para a deteção simultânea dos principais agentes causadores de diarreia em vitelos nas fezes. *J Vet Diagn* **Invest22**:509-17.

Cho Y, Yoon KJ. 2014. An overview of calf diarrhea-infectious etiology, diagnosis, and intervention. *J Vet Sci.* **15(1)**:1-17.

Instituto de Normas Clínicas e Laboratoriais (CLSI), 2011. Padrões de Desempenho para Testes de Suscetibilidade a Antibióticos, Vigésimo Primeiro Suplemento Informativo. CLSI, 31.

CLSI, 2012. Instituto de Normas Clínicas e Laboratoriais: Normas de desempenho para testes de suscetibilidade antimicrobiana.17º Suplemento informativo Documento CLSI **M100-S17** 27.

Conneely, M., D. Berry, R. Sayers, J. Murphy, I. Lorenz, M.L. Doherty e E. Kennedy. 2013. Factores associados à concentração de imunoglobulina g no colostro de vacas leiteiras. Anim: *An International J. Anim. Bioscience,* **7**: 1824- 1832.

Correa, H.T., Curtis, C.R., Erb, H.N., White H.E., 1988. Effect of calfhood morbidity on age at first calving in New York Holstein herds.*Preventive Veterinary Medicine* **6**, 253 - 262.

Cry, W.C.J., Casey, T.A., Bosworth, B.T., Rasmussen, M. A.1998. Effect of dietary stress on fecal shedding of *E. coli* O157:H7 in calves. *Applied Environmental Microbiology* **64**, 1975 1979. (resumo)

Curtis, C.R., White, M.E., Erb, H.N. 1989. Efeito da morbidade da cria na sobrevivência a longo prazo em rebanhos Holstein de Nova Iorque. *Medicina Veterinária Preventiva 7*, 173 - 186.

Davis R. 2008. Salmonellosis in: manual de testes de diagnóstico e vacinas para animais terrestres. OIE, Paris. 2:1267-83

DDAEPA, 2011. Programa de adaptação às alterações climáticas da administração de Dire Dawa. DDAEPA, Dire Dawa, Etiópia. pp. 5-6

Elias K., Hussein D., Asseged B., Wondwossen T.& Gebeyehu M. 2008. Status of bovine tuberculosisin Addis Ababa dairy farms *Review of science and technology Office of international Epiz.*, 2008, **27 (3)**:915-923.

Ferede B., Desissa F., Feleke A., Tadesse G. e Moje N. 2015.Prevalência e suscetibilidade antimicrobiana de isolados de Salmonella de cabras abatidas aparentemente saudáveis no matadouro municipal de Dire Dawa, Etiópia Oriental. J.Microbiol. Antimicro.**7(1)**:1-5

Ferede, Y., Mazengia, H., Bimrew, T., Bitew, A., Nega, M. e Kebede, A. 2014.Pre-Weaning Morbidity and Mortality of Crossbred Calves in Bahir Dar Zuria and Gozamen Districts of Amhara Region, Northwest *Ethiopia.Open Access Library Journal,* **1**: e600. http://dx.doi.org/10.4236/oalib. 1100600.

Fourichon C., Seegers H., Beaudeau F., Bareille N. 1997. Newborn calf management, morbidityand mortality in french dairy herds, *sEpidemiol. sante anim,* 31-32.

French, N.P., Tayler, J., Hirst, W. M. (2001): Smallholder dairy farming in the Chickwaka communal land, Zimbabwe: Birth, death and demographic trends. *PreventiveVeterinary Medicine* **48**, 101-112.

Fulton, R.W., Cook, B.J., Step, D.L., Confer, A.W., Saliki, J.T., Payton, M.E., et al., 2002. Avaliação do estado de saúde dos bezerros e o impacto no desempenho do confinamento: avaliação de um programa de retenção de propriedade para bezerros pós-desmame. *Cana.J. Vet. Res.* **66,** 173-180.

Gagea, M.I., Bateman, K.G., van Dreumel, T., McEwen, B.J., Carman, S., Archambault, M., Shanahan, R.A., Caswell, J.L., 2006. Diseases and pathogens associated with mortality in Ontario beef feedlots. *J Vet Diag. Investi.18,* 18-28.

Garber ,L.P., Salman, M.D., Hurd, H.S., Keefe, T., Schlater, J.L. 1994. Potenciais factores de risco para a infeção por *Cryptosporidium* em vitelos leiteiros. *J Am Vet Med Assoc* **205**, 86 -90.

Gay, C.C., McGuire, T.C., Parish, S. M. 1983. Variação sazonal na transferência passiva de IgG1 para bezerros recém-nascidos. *J Am Vet Med Assoc* **183**, 566-568.

Gitau, G.K., McDermott, J.J., Waltner-Toew, D., Lissemore, K. D., Osuma, J.M., Muriuki, D. 1994.Factores que influenciam a morbilidade e a mortalidade dos vitelos em pequenas explorações leiteiras no distrito de Kambu, no *Quénia.Preventive Veterinary Medicine* **21**, 167-177.

Godden, S. 2008. Manejo do colostro para bezerros leiteiros. Vet. Clin. América do Norte: Food Anim. Food Anim. **24:** 19-39.

Gorden, P., e P. Plummer. 2010. Controlo, gestão e prevenção da doença respiratória bovina em vitelos e vacas leiteiras. *Vet. Clin. América do Norte. Food Anim. Practice.***26:** 243259.

Gryeels, G. e de Boodet, K. 1986. Integração de vacas de raça cruzada (Boran e Freisian) em pequenas explorações agrícolas na zona de Debre Zeit, nas terras altas da Etiópia. Relatório do programa de terras altas da ILCA. ILCA, Addis Abeba.

Gulliksen, S.M., Jor, E., Lie, K.I., Hamnes, I.S., Loken, T., Akerstedt, J., Osteras, O., 2009.Enteropathogens and risk factors for diarrhea in Norwegian dairy calves. J. Dairy Sci. 92, 5057 5066.

Hailemariam, M., Banjaw, K., Gebre Meskel, T., Ketema, H. 1993. Productivity of Boran cattle and their Friesian cross at Abernosa ranch, Riftvalley of Ethiopan. I. Desempenho reprodutivo e mortalidade antes do desmame. *Tropical Animal Health and Production* **25**, 239248.

Haines, D.M., Martin, K.M., Clark, E.G., Jim, G.K., Janzen, E.D., 2001.The immunohistochemical detection of *Mycoplasma bovis* and bovine viral diarrhea virus in tissues of feedlot cattle with chronic, unresponsive respiratory disease and/or arthritis.*Cana. Vet. .142.* 857-860..

Hajipour MJ, Fromm KM, Ashkarran AA, de Aberasturi DJ, de Larramendi IR, et al. 2013.Antibacterial properties of Nanoparticles. Tendências em Biotecnologia 31: 61-62.

Hassen, Y. e Brannag, E. 1996. Calving performance and mortality in Danish Jersey cattle at Ada Berga state farm, Ethiopia. Procedimentos da 10ª conferência da Associação Veterinária da Etiópia, Adis Abeba, Etiópia.

Heinrichs, A.J. e Radostits, O.M., 2001. Manejo sanitário e produtivo de bezerros leiteiros e novilhas de reposição. In: Radostits, O.M. (ed.): Herd Health, Food Animal Production Medicine, 3rd ed. (W.B. Saunders Company, Philadelphia). pp 333-395.

Hendriksen, R.S., Mevius, D.J., Schroeter, A., Teale, C., Meunier, D., Butaye, P., Franco, A., Utinane, A., Amado, A., Moreno, M., Greko, C., Stark, K., Berghold, C., Myllyniemi, A.L., Wasyl, D., Sunde, M., Aarestrup, F.M. 2008. Prevalência da resistência antimicrobiana entre os agentes patogénicos bacterianos isolados de bovinos em diferentes países europeus: 2002-2004. Ata Vet. Scand., 50: 28.

Hussien, N. 1998.A study on calf mortality at Adamitulu livestock research center.Proceeding of 5th conference of Ethiopian society of animal science (ESAP) 15-17 May 1997, Addis Ababa, Ethiopia. Pp 157-162.

Huuskonen, A., L. Tuomisto, e R. Kauppinen. 2011. Efeito da temperatura da água de beber na ingestão de água e no desempenho de bezerros leiteiros. *J. Dairy Sci.* **94:** 2475-2480.

ILCA (Centro Internacional de Pecuária para África) 1994. Relatório do Programa Anual da ILCA 1993/1994.

Addis Abeba, 73-74.

ILRI, 1996. ILRI annual project report 1995, Addis Ababa, Ethiopia.Pp74 -75.

Izzo M, Mohler V, House J. 2011. Antimicrobial susceptibility of Salmonella isolates recovered from calves with diarrhoea in Australia (Suscetibilidade antimicrobiana de isolados de Salmonella recuperados de vitelos com diarreia na Austrália). *Aust Vet J89*: 402-408.

James H. Jorgensen e Mary Jane Ferraro, 2009.Antimicrobial Susceptibility Testing: Uma revisão dos princípios gerais e das práticas contemporâneas. *Clin Infec Dis;***49**:1749-55

Kifaro, G.C. e Temba, E.A. 1991. Mortalidade de vitelos e taxas de abate em duas explorações leiteiras na região de Iringn, Tanzânia.Procedimentos da 17ª conferência científica da sociedade de produção animal da Tanzânia, Arusha, Tanzânia.25-27.

Komine, Y., Abe, S., Asai, A., Itagak, M., Wantanbe, D., Komine, K., Kumagai, K. 2000. Indução de diarreia infecciosa em bezerros recém-nascidos alimentados com colostro displasia de vacas-mães que sofrem de mastite durante o período seco. *Animal Science Journal* **71**, 279-285.

Lance, S.E., Miller, G.Y., Hancock, D.D., Bartlet, P.C., Heider, L.E., Moeschberger, M.L. .,1992. Effects of environment and management on mortality in preweaned dairy calves. *J Am Vet Med Assoc* **201**, 1197-1202.

Lemma, M., Kassa, T., Tegegne, T. 2001. Principais problemas de saúde clinicamente manifestados em efectivos leiteiros de raça cruzada em sistemas de produção urbanos e periurbanos nas terras altas centrais da Etiópia. *Tropical Animal Health and Production* **33**, 85-93.

Loftedt. J., Dohoo, L.R., Duizer, G. 1999. Modelo de previsão de septicemia em vitelos diarreicos.*J. Vet. Int. Med.* 13:81-88

Lorenz, I., J. Mee, B. Earley, e S. More. 2011. Saúde do bezerro desde o nascimento até o desmame. i. aspectos gerais da prevenção de doenças. *Irish Vet. J.* **64:** 1-8.

Mac Faddin, J.F. 1980. Biochemical Tests for Identification of Medical Bacteria (Testes bioquímicos para identificação de bactérias médicas). 2ª ed., The Williams and Wilkins Co.

McEwen, S.E.; Fedorka-Cray, P.J., 2002.Antimicrobial use and resistance in animals. *Clin. Infect. Dis., **34**,* 93-106.

McGuirk S. M., 2007. Reducing Dairy Calf Mortality, Escola de Medicina Veterinária da Universidade de Wisconsin, Madison, WI 53706 THE AABP PROCEEDINGS-VOL. 40

Mead PS, Slutsker L, Dietz V, McCaig LF, Bresee JS, Shapiro C, Griffin PM, Taux3 RV 1999. Doenças e mortes relacionadas com a alimentação nos Estados Unidos. *Emerg. Infec.* Dis. 5:607-625.

Mee, J. 2008. Manejo de bezerros leiteiros recém-nascidos. Vet. Clin. América do Norte. Food Anim. Practice.**24:** 1-17.

Mohammed O., Shimelis D., Admasu P. e Feyera T. 2014.Prevalência e Padrão de Suscetibilidade Antimicrobiana de Isolados de E. Coli de Amostras de Carne Crua Obtidas de Matadouros na Cidade de Dire Dawa, Etiópia Oriental. *Int. J. Microbiol.Res.* **5 (1):** 35-39,

Mukasa-Mugerwa, E., 1989.A Review of Reproductive Performance of Female *Bos indicus (Zebu)* Cattle. Monografia nº 6, ILCA, Addis Ababa, Etiópia, 101-104.

Nagy, D. 2009. Reanimação e cuidados críticos de vitelos neonatais. Vet. Clin. América do Norte: Food Anim. Practice. **25:** 1-11.

Nataro, J.P e kaper, J.B. 1998. *E Coli* diarreiogénica. *Clin. Microbiol.Rev.* 11:142-201.

Nicholas, R.A.J., Baker, S.E., Ayling, R.D., Stipkovits, L., 2000. Infecções por Mycoplasma em bovinos em crescimento. Cattle Practice 8, 115-118.

NMSA 2011. Agência Nacional de Serviços Meteorológicos. Adis Abeba, Etiópia.

NRC. 2001. Nutrient Requirements of Dairy Cattle (Necessidades de nutrientes do gado leiteiro). 7ª edição. National Academy Press, Washinton D.C.

Olsson, S.O.,Viring, S., Emanuelsson, U., Jacobsson, S.O. ,1993. Doença e mortalidade de bezerros em rebanhos leiteiros suecos.*Ata.vet. scand.34,* 263-269.

Ortiz-Pelaez, A., Pritchard, D.G., Pfeiffer, D.U., Jones, E., Honeyman, P., Mawdsley, J.J., 2008.Calf mortality as a welfare indicator on British cattle farms. Vet. J. 176, 177-181.

Pereira RV, Santos TM, Bicalho ML, Caixeta LS, Machado VS, et al. 2011. <u>Resistência antimicrobiana e prevalência de genes de factores de virulência em Escherichia coli fecal de vitelos Holstein alimentados com leite com e sem antimicrobianos.</u> *J Dairy Sci94:* 4556-4565.

Pergram, R.G., Roeder, P.L., Hall, M.L.M., Rowe, B., 1981. Salmonallosis in livestock and animal by-products in Ethiopia.*Tropical Animal Health and Production* **13,** 203-207.

Quinn, P.J., Carter, M.E., Markey, B.K., Carter, G.R., 2000. Espécies de Pasteurella. In: Clinical Veterinary Microbiology. 4ª ed., Mosby- Yearbook Europe Limited, 254-258.

Radostits, O.M., 2001. Health and Production Management of Dairy Calves and Replacement Heifers.*Herd Health,* 3rd Edition, W.B. Saunders, Philadelphia, 255-365.

Razzaque MA, Bedair M, Abbas S 2009. Desempenho de vitelas fêmeas pré-desmamadas confinadas em cabanas de alojamento e em ambiente aberto no Kuwait. Pak. Vet. J. 29(1):1-4.

Reynolds, G.C., Morgan, T.G., Chanter, N., Jones, P.W., Bridger, J.C., Debency, T.G., Bunch, K.J. , 1986. Microbiologia da diarreia dos vitelos no Sul da Grã-Bretanha. *Registo Veterinário* **119,** 3439.

Runnels, P.L., Moon, H.W., Mattew, P.J.,1986. efeito das variáveis microbianas e do hospedeiro na interação das infecções por rotavírus e *E. coli* em vitelos genetobióticos, *Am J Vet Res* **47,** 15421546

Sharma MC, Pathak NN, Hung NN, Lien NH, Vuc NV.,1984. Mortality in growing Murrah buffalo calves in Vietnam. Indian J Anim Sci; 54:998-1000

Shea, K.M., 2003. Antibiotic resistance: what is the impact of agricultural uses of antibiotics on children's health? *Pediatria,* **112,** 253-258.

Shiferaw Y, Yohannes A, Yilma Y, Gebrewold A, Gojjam Y 2002. Dairy husbandry and health management at Holleta.Procedimentos da 16ª Conferência da Associação Veterinária da Etiópia. Addis Ababa, Etiópia. pp.103-119.

Simachew, K. 1998. Um estudo da diarreia de vitelos em explorações leiteiras de pequena escala em Debre Ziet. Faculdade de Medicina Veterinária, Universidade de Addis Ababa, Debre Ziet, Etiópia, Tese de Mestrado em Medicina Veterinária.

Singh DD, Kumar M, Choudhary PK, Singh HN. 2009. Neonatal Calf Mortality-An Overview (Mortalidade neonatal de bezerros - uma visão geral). Intas Polivet; 10(2):165-169.

Singla LD, Gupta MP, Singh H, Singh ST, Kaur P, Juyal PD., 2013. Diagnóstico baseado em antigénio da infeção por *Cryptosporidium parvum* em fezes de bovinos e búfalos. Indian J. Anim. Sci. 83(1):37-39.

Sisay, A. e Ebro, A. 1998. Desempenho de crescimento de vitelos cruzados Boran e seus Semmintal. Procedimentos da 6ª Conferência Nacional da Sociedade Etíope de Produção Animal (ESAP). Addis Ababa, Etiópia. Pp 157-162.

Sivula, N.J., Ames, T.R., Marsh, W.E., Werdin, R.E. 1996. Descriptive epidemiology of morbidity and mortality in Minnesota dairy heifers calves. *Preventive VeterinaryMedicine* **27,** 155 - 171

Snodgrass, D.R., Terzolo, H.R., Sherwood, D., Cambell, I., Menzies, J.D., Synge, B.A. ,1986. Etiologia da dairréia em bezerros jovens. *Registo Veterinário* **119,** 31-34.

Snodgrass, D.R.,Smith, M.L. Krautis, F.L. 1982. Interação de rotavírus e ETEC em vitelos leiteiros criados convencionalmente. *Veterinary Microbiology* **7,** 51 - 56.

Soberon, F., E. Raffrenato, R. Everett, e M. Van Amburgh. 2012. Ingestão de substitutos do leite antes do desmame e efeitos na produtividade a longo prazo de bezerros leiteiros. *J. Dairy Sci.***95:** 783-793.

Stull, C., e J. Reynolds. 2008. Calf welfare. Vet. Clin. América do Norte: Food Anim. Practice. **24:**191-203.

Svensson C, Lundborg K, Emanuelson U, Olsson S 2003. Morbidade em bezerros leiteiros suecos do nascimento aos 90 dias de idade e factores de risco individuais para doenças infecciosas. Prev. Vet. Med. 58:179-197.

Svensson, C., Linder, A., Olsson, S.O., 2006. Mortality in Swedish dairy calves and replacement heifers. J. Dairy Sci. 89, 4769-4777.

Taylor, J.D., Fulton, R.W., Lehenbauer, T.W., Step, D.L., Confer, A.W., 2010. A epidemiologia da doença respiratória dos bovinos: Quais são as provas da existência de factores de predisposição? The *Can. Vet. J.* **51**, 1095-1102.

Tegegne, A., Gebrewold, A., 1998. Prospects for peri-urban dairy development in Ethiopia. Proceding of 5th conference of Ethiopian society of animal science (ESAP), 1517 May 1997, Addis Ababa Ethiopia. Pp 28-39.

Tiwari, R., M. C. Sharma e S. P. Singh. 2007. Buffalo calf health care in commercial dairy farms: a field study in Uttar Pradesh (India). Livestock Research for Rural Development 19 (3). http://www.cipav.org.co/lrrd/lrrd19/3/tiwa19038.htm

Trevejo R T, Barr M C e Robinson R A., 2005. "Infecções zoonóticas bacterianas emergentes importantes que afectam os imunocomprometidos", *Vet.Res,* **36**: 493-506.

Venter BJ, Myburgh JG, Vanderwalt Ml, 1994. Bovine salmonellosis In: infectious disease of livestock. Oxford University press. Cidade do Cabo, Oxford, Nova Iorque, pp.1104-1112.

Virtala, A.M., Mechor, G.D., Grohn, Y.Y., Erb, H.N. , 1996b.Morbidity from nonrespiratory disease and mortality in dairy heifers during the first three months of life. *J Am Vet Res* **208**, 2043 - 2046.

Virtala, A.M., Mechor, G.D., Grohn, Y.Y., Erb, H.N., Dubovi, E.J. 1996a. Epidemiologic and pathologic characteristics of respiratory tract disease in dairy heifers during the first three months of life. *J Am Vet Res* **208**, 2035 - 2042.

Vordermeier, M., Goodchild, A., Clifton-Hadley, R., de la Rua, R., (2004): o ensaio de campo Interferongamma: antecedentes, princípios e progressos. *Registo Veterinário,* **155**:37-38.

Waltner-Toews, D., Martin, S.W., Merk, A.H. 1986.Dairy calf management, morbidity and mortality in Ontario Holstein herds.II Age and seasonal patterns. *Medicina Veterinária Preventiva* **4**, 125-135.

Welsh, R.D., Dye, L.B., Payton, M.E., Confer, A.W., 2004. Isolamento e suscetibilidade antimicrobiana de agentes patogénicos bacterianos da pneumonia bovina: 1994-2002. *J. Vet. Diagn.Inves.* **16**, 426-431.

Wilson, J.B., Renwick, S.A., Clarke, R.C., Rahan, K., Alves, D., Johnson, R.P., Ellis, A.G, McEwen, S.A., Rarmali, M.A., Lior, H., Spika, J. 1998. Fator de risco de infeção por *Escherichia coli* verocitotóxica em bovinos de explorações leiteiras de Ontário. *Medicina Veterinária Preventiva* **32**, 227-236.

Wittum, T.E. e Perino, L.J. 1995. Estado imunitário passivo na hora 24 do pós-parto e desempenho a longo prazo da saúde dos vitelos. *Am J Vet Res* **56**, 1149-1154.

Wudu T. & Kelay B. & Mekonnen H. M. & Tesfu K. 2008. Morbidade e mortalidade de vitelos em pequenas explorações leiteiras no distrito de Ada'a Liben de Oromia, Etiópia, Trop Anim Health Prod 40:369-376

Wymann M.N., Bonfoh B., Schelling E., Bengaly S., Tembely S., Tanner M., Zinsstag J. 2006. **Calf** mortality rate and causes of death under different herd management systems in periurban Bamako, Mali, Livestock Sci. 100 : 169- 178

APÊNDICES

Apêndice 1: Exemplo de formato de questionário

1. Identificação da exploração

Nome da exploração: ....

Nome do proprietário: ....

Endereço: Kebele .... House no ....Tel. no ....

2. Descrição da exploração

2.1. **Estatuto académico do proprietário/gestor**

a) Analfabeto b) Ler e escrever c) Ensino básico

d) Licenciado e) Profissional

Se profissional Relacionado com a produção animal

Não relacionado com a produção animal

2.2. **Tamanho do efetivo** vacas .... Touros .... Novilhas ....

2.3. **Raça e idade dos animais mantidos** ....

2.4. **Idade da exploração** ....

2.5. **A exploração agrícola como fonte de rendimento** a) primária b) secundária

3. Dados de gestão

3.1. **Tratador de vitelos (tratador)**

3.1.1. Propriedade a) proprietário (membro da família) b) contratado

3.1.2. Sexo a) masculino b) feminino

3.1.3. Experiência a) <= 5 anos b) >5 anos

3.1.4. Escolaridade do encarregado de educação a) ensino básico b) ensino médio

       c) licenciado   d) profissional

3.2. **Cuidados periparturientes**

3.2.1. Instalações de parto a) cela de parto b) no mesmo estábulo

3.2.2. Tratamento do umbigo a) praticado b) não praticado

3.2.3. Consciência da importância do colostro para os recém-nascidos a) sim b) não

3.2.3.1. Em caso afirmativo, método de alimentação a) aleitamento b) alimentação manual

3.2.3.2. Hora da primeira alimentação a) 6 horas b) 6-24 horas c) > 24 horas

Razão: ....

3.2.3.3. Duração da alimentação a) durante 24 horas b) 24 horas-4 dias c) > 4 dias

3.2.3.4. Se a alimentação for manual, a fonte de alimentação a) a mãe b) outra vaca

3.3. **Alimentação**

3.3.1. Tipo de alimento a) leite b) substituto do leite

3.3.2. Quantidade de leite/substituto de leite administrada diariamente por unidade de peso corporal ....

3.3.3. Frequência a) uma vez/dia b) duas vezes/dia c) três vezes/dia

3.3.4. Momento da introdução de alimentos que não sejam leite ou substituto do leite ....

3.3.4. Tipo de alimento suplementar e quantidade dada por unidade de peso corporal

a) Pastoreio (horas de pastoreio) b) Concentrados c) Feno

3.3.5. Idade de desmame a) 4-6 semanas de idade b) 6-8 semanas de idade c) 8-18 semanas de idade

4. Habitação

4.1. Habitação

a) Recinto separado b) Juntamente com as vacas no estábulo c) Outro

Se for um recinto separado, a) recinto individual b) recinto coletivo

4.2. Cama a) presente b) ausente

Se presente, qual é o material de cama e com que frequência é mudado

a) >uma vez/semana b) uma vez/semana c) <uma vez/semana

5. Experiência sobre problemas de saúde dos vitelos e prevenção e controlo desses problemas

5.1. Grande problema de saúde para a exploração agrícola ....

5.2 Número de vitelos que a exploração perdeu durante o último ano ....

5.3. Doença ou síndrome de doença responsável pela doença e morte dos vitelos, por ordem de importância.

1 .... 2 .... 3 ....

5.4. Medidas adoptadas para tratar os vitelos doentes ....

Se existir, tipo de medicamento

a) Para a diarreia: ....

b) Para a pneumonia: ....

3.5. Medidas adoptadas para evitar problemas de doença ....

Anexo 2. Modelo de cartão de vitelo

1. Genecologia e cuidados periparturientes

1.1. Data de nascimento mês ...., dia ....

1.2. Idade no primeiro dia da coorte ....

1.3. Hora do nascimento a) noite b) dia

1.4. Local de nascimento a) no mesmo estábulo b) no curral de partos

1.5. Condição de nascimento a) parto normal b) distócia

1.6. Sexo a) masculino b) feminino

1.7. Paridade da barragem a) primeira paridade b) segunda paridade e superior

1.8. Nível de sangue exótico a) <=50% b) 50-75% c) >=75%

1.9. Umbigo desinfectado a) sim b) não

1.10. Produto químico utilizado na desinfeção do umbigo

1.11. Tempo de ingestão do colostro a) antes das 6 horas b) 6-12 horas c) >24 horas

1.12. Método de alimentação com colostro a) alimentação manual b) aleitamento

1.13. O número de dias que o vitelo ficou com a mãe

1.14. Quantidade total de colostro ingerido em litro.

2. Alimentação e alojamento

2.1.   Tipo de alimento líquido dado aos vitelos a) leite b) substituto do leite

2.2.   Tempo de introdução de dieta extra ....

2.3.   Tipo de alimentação extra ....

2.4.   Quantidade de dieta líquida antes da introdução de alimentos suplementares ....

2.5.   Frequência de alimentação ....

2.6.   Idade de desmame ....

2.7.   Acesso à água a) acesso livre b) acesso limitado

2.8.   Tipo de alojamento a) o mesmo estábulo de vacas b) recinto separado para vitelos

2.9.   Agrupamento no alojamento a) alojados em grupo b) compartimento individual para vitelos

2.10. Roupa de cama a) utilizada b) não utilizada

2.11. Limpeza da casa do vitelo a) limpo b) impuro

2.12. Ventilação a) boa b) má

3. Registo de incidência de casos

3.1.   Data de aparecimento dos sintomas clínicos

3.2.   Principais sintomas clínicos

3.3.   Diagnóstico ....

3.4.   Tratamento ....

3.5.   Resultado do tratamento ....

3. Apêndice III. potenciais variáveis de risco consideradas na análise e respectivas categorias variáveis

Descrição da categoria e dos códigos

Factores do vitelo

hora de nascimento	0= hora do dia
	1= noite
condição de nascimento	0= Entrega normal
	1= Distocia
sexo	0= Feminino
	1= Masculino
idade	0= menos de 3 meses de idade durante os primeiros 50% dos dias de acompanhamento (mais jovens)
	1= mais de 3 meses de idade durante os primeiros 50% dos dias de acompanhamento (mais velhos)
Paridade da barragem	0= Primeira paridade
	1= Segunda paridade e superior

Factores ambientais e de gestão

Tamanho do efetivo	0= Pequena dimensão (<10) 1= Grande dimensão (>-10)
A exploração agrícola como fonte de rendimento	0= Primário
	1= Secundário

Tratador de vitelos	0=Contratado
	1= Proprietário
Experiência do tratador de vitelos	0= >3 anos
	1= <_3 anos
Sexo do tratador do vitelo	0=feminino
	1=homem
Idade da primeira ingestão de colostro	0=> 12 horas
	1=<_12 horas
Quantidade de leite fornecida diariamente / cabeça de vitelos	0= > 4 ninhadas
	1=<_4 ninhadas
Idade de desmame	0= > 3 meses de idade
	1=<_3 meses de idade
Condições de habitação	0= compartimento separado para vitelos
	1= o mesmo estábulo com vacas
Tipo de pavimento	0= Solo
	1= Betão
Estado da ventilação do celeiro	0= Mal ventilado
	1= bem ventilado
Estado de drenagem do celeiro	0= Mal drenado
	1= Bem drenado
Sistema de eliminação de estrume	0= Acumulado no recinto da exploração
	1= Eliminado regularmente do recinto da exploração
Limpeza da casa	0= Não limpo
	1= Limpo

4. Apêndice IV. Definição da terminologia operacional

Estado da ventilação dos estábulos: O estado da ventilação em todas as explorações da área de estudo é de tipo natural. Se o estábulo dos vitelos foi construído de forma a permitir a livre circulação de ar na faculdade, o estado de ventilação é classificado como bom (bem ventilado). Por outro lado, se o estábulo não permite a circulação de ar, é classificado como mal ventilado.

Estado de drenagem do estábulo: Um pavimento de um estábulo com uma ligeira inclinação e uma faixa que facilitam a rápida remoção do fossa urinária e de outros fluidos espalhados no pavimento para fora do estábulo é classificado como bem drenado, enquanto que um pavimento de um estábulo sem inclinação e com uma faixa em que o fluido se acumula no pavimento é classificado como mal drenado.

Sistema de eliminação de estrume: O sistema de eliminação regular é aquele em que as explorações agrícolas retiram regularmente o estrume da exploração antes de este se acumular e causar um cheiro desagradável.

Enquanto outras explorações acumulam estrume durante um período de tempo mais longo e eliminam-no das explorações. Estas explorações são classificadas no sistema de eliminação de estrume acumulado no recinto da exploração.

Limpezas domésticas: Os celeiros limpos duas ou mais vezes por dia são classificados como limpos, enquanto os restantes são classificados como sujos.

5. Apêndice V. Variável considerada na investigação do fator de risco para a qual não foi feita análise

> Raça

> Manutenção de registos

> Fontes de substituição

> Instalação de parto

> Tratamento do umbigo

> Consciencialização da importância da ingestão de colostro

> Método de ingestão do colostro

> Duração da alimentação com colostro

> Tipo de dieta líquida pré-desmame

> Alimentação por frequência Alimentação líquida

> Momento da introdução de alimentos suplementares

> Tipo de alimentação suplementar

> Acesso à água

> Agrupamento no curral dos vitelos

> Roupa de cama

> vedação da quinta

> Banho de pés

> Visita regular à exploração por um profissional

> Vacinação da mãe antes do parto contra as doenças prevalecentes

Apêndice VI. Resultado das análises univariadas de regressão de Cox de diferentes classes de potenciais factores de risco para a morbilidade da criança.

Variáveis	RH	95% CI de HR	Valor P
Factores de parto			
Idade	0.160	0.093-0.274	0.000
Sexo	1.605	0.949-2.717	0.078

Condição de nascimento	**0.565**	**0.326-0.978**	**0.042**
Hora de nascimento	1.215	0.729-2.027	0.454
Paridade da barragem	**1.802**	**1.057-3.071**	**0.030**
Factores ambientais e de gestão			
Idade da primeira ingestão de colostro	**0.392**	**0.231-0.664**	**0.001**
Idade de desmame	**2.475**	**1.400-4.375**	**0.002**
Quantidade de leite fornecida diariamente / cabeça de vitelos	**0.547**	**0.313-0.957**	**0.035**
Estado de drenagem do celeiro	**5.103**	**2.942-8.854**	**0.000**
Estado da ventilação do celeiro	**0.262**	**0.155-0.445**	**0.000**
Tratador de vitelos	1.009	0.404-2.518	0.984
Experiência do tratador de vitelos	0.954	0.484-1.878	0.892
A exploração agrícola como fonte de rendimento	0.799	0.466-1.372	0.417
Tipo de pavimento	0.810	0.431-1.522	0.514
Tamanho do efetivo	1.287	0.728-2.273	0.385
Limpeza da casa	**0.439**	**0.257-0.744**	**0.017**
Condições de habitação	0.764	0.407-1.437	0.405
Sistema de eliminação de estrume	**2.221**	**1.270-3.883**	**0.005**
Sexo do tratador do vitelo	0.688	0.397-1.190	0.182

Apêndice VIII. Resultado das análises univariadas de regressão de Cox de diferentes classes de potenciais factores de risco para a mortalidade por crupe.

Variáveis	RH	95% CI de HR	Valor P
Factores de parto			
Idade	**0.104**	**0.022-0.483**	**0.004**
Condição de nascimento	**0.186**	**0.059-0.587**	**0.004**
Hora de nascimento	0.690	0.186-2.552	0.579
Paridade da barragem	**3.229**	**1.040-10.027**	**0.043**
Sexo	1.006	0.272-3.719	0.992
Factores ambientais e de gestão			
Idade da primeira ingestão de colostro	**0.123**	**0.037-0.411**	**0.001**
Idade do desmame	1.998	0.540-7.389	0.299
Quantidade de leite fornecida diariamente /	0.670	0.181-2.479	0.550

cabeça de vitelos			
Estado de drenagem do celeiro	0.832	0.249-2.772	0.765
Estado da ventilação do celeiro	0.616	0.198-1.917	0.403
Tratador de vitelos	3.488	0.943-12.900	0.061
Experiência de tratador de vitelos	2.216	0.666-7.364	0.194
A exploração agrícola como fonte de rendimento	0.505	0.160-1.591	0.244
Tipo de pavimento	1.047	0.283-3.871	0.945
Tamanho do efetivo	0.882	0.265-2.933	0.839
Limpeza da casa	**0.130**	**0.039-0.435**	**0.001**
Condições de habitação	0.397	0.119-1.319	0.132
Sistema de eliminação de estrume	2.537	0.763-8.435	0.129
Sexo do tratador do vitelo	2.992	0.386-23.178	0.294

Apêndice VII. Resultado da análise de regressão univariada de cox de diferentes classes de potenciais factores de risco para a diarreia dos vitelos.

Variáveis	RH	95% CI de HR	Valor P
Factores de parto			
Idade	**0.033**	**0.008-0.142**	**0.000**
Condição de nascimento	**0.530**	**0.250-1.120**	**0.096**
Hora de nascimento	1.091	0.526-2.264	0.814
Paridade da barragem	**2.613**	**1.298-5.256**	**0.007**
Sexo	1.195	0.553-2.583	0.650
Factores ambientais e de gestão			
Idade da primeira ingestão de colostro	**0.341**	**0.168-0.692**	**0.003**
Idade do desmame	1.752	0.757-4.053	0.190
Quantidade de leite fornecida diariamente / cabeça de vitelos	0.949	0.390-2.307	0.910
Estado de drenagem do celeiro	**3.617**	**1.709-7.653**	**0.001**
Estado da ventilação do celeiro	**0.325**	**0.156-0.676**	**0.003**
Tratador de vitelos	1.674	0.587-4.778	0.335
Experiência de tratador de vitelos	1.022	0.420-2.485	0.961

A exploração agrícola como fonte de rendimento	0.523	0.258-1.060	0.072
Tipo de pavimento	1.222	0.565-2.641	0.610
Tamanho do efetivo	1.118	0.517-2.417	0.776
Limpeza da casa	**0.286**	**0.143-0.575**	**0.000**
Condições de habitação	1.084	0.417-2.815	0.868
Sistema de eliminação de estrume	**2.709**	**1.305-5.622**	**0.007**
Sexo do tratador do vitelo	1.214	0.499-2.949	0.668

More
Books!

info@omniscriptum.com
www.omniscriptum.com
OMNIScriptum